沙振舜 编著

科学之光

中国古代
物理实验溯源

江苏省物理学会
江苏省学会服务中心
江苏省青少年科技中心

组织编写

 南京大学出版社

我为什么写这本书

《无题》

岁月如歌

似水流年

我情依旧

初心不变

不悔既往

珍惜当前

蓦然回首

光彩依然

　　回忆 80 多年的生涯，真好像是一场梦罢了。我这个人似乎为实验而生，为实验而长，从中学到大学，做了不少实验。山东大学的孟尔熹教授，以他精湛的实验技巧，引导我走上实验之路。工作后，我在高校带了 40 多年实验。我曾组建几个物理实验室，编写过几套实验教材，研制成功几种实验教学仪器；开发了几种 CAI 软件和实验数据采集与分析软件；还编著了几种有关实验的科普读物，有的获了奖。我与实验结下了不解之缘，对物理实验情有独钟。"身无彩凤双飞翼，心有灵犀一点通。"李商隐的这两句诗，恰似我心灵的写照。在有生之年，想把中国古代物理实验收集、整理、写出来，与大家分享，供大家参考。也正像李商隐《无题》诗中所写的："春蚕到死丝方尽，蜡炬成灰泪始干。"这是写这本书的目的之一。

中华民族历史悠久，源远流长，勤劳智慧的中国人民曾创造了灿烂的古代文化与辉煌的科学技术，取得了许多举世瞩目的成就。对人类文明和科学的发展做出了卓越的贡献。然而，近代中国却处于落后、被动与挨打的局面。中国人民在中国共产党的领导下，浴血奋斗，成立了新中国，使中华民族走上康庄大道，接着我国进入改革开放的新时代，举起民族复兴的大旗，砥砺前行，奋力实现中国梦。在这大好的形势下，国内掀起一股"国学热"，为弘扬祖国的优秀文化遗产而努力，我觉得不光要有"国学热"，也要有"科技热"，应将我国历史上的科技成就发扬光大，搞好当前的科技事业，真正实现中国梦。这是写这本书的目的之二。

我国是世界上文明发展最早的国家之一，我们的祖先，对物理现象做过大量的观察、实验和各种形式的记录，并提出许多精辟的见解，取得了重大的成果。目前论述物理学史的书刊已是汗牛充栋，可是，关于物理实验发展史的读物却少之又少。多年前，我曾编写或参编过几种物理实验史方面的书，诸如，《物理实验史话》《著名物理实验及其在物理学发展中的作用》《最美丽的十大物理实验》《简明物理学史》，向广大读者介绍关于物理学，特别是物理实验发展的知识。时过境迁，由于当时客观条件、个人水平及掌握资料所限，这几本书现在看来显得简陋、粗糙，有些不足，有必要改写。这是写这本书的目的之三。

我们之所以将中国物理实验史从世界物理学史中剥离出来，单独成书，因为物理学是以实验为基础的自然科学，有其重要性；同时也是强调在我国，物理学的发展既有舶来品，又有土生土长的物理知识，况且中国学者的物理学成就也是十分可观的、辉煌的。这是写这本书的目的之四。

数千年来，我们伟大的祖国不仅孕育了许许多多杰出的科学家、发明家，而且产生了丰富多彩的科学技术典籍。这些凝聚智慧的著作，是我国古代科技发展史的光辉见证，是中国人民世世代代与大自然进行斗争的丰硕成果，这些典籍充分展示了独树一帜的中国古代科技文明，是古代中国人民对世界文明的重要贡献。

研究中国古代物理实验史也需要从古代典籍或者考古文物中发掘史料。不过，我们要做一番鉴别的工作，要去伪存真，去芜存精。

本书将分散在古籍中的一些趣味性强的物理实验收集起来，予以介绍，简要地解说其实验原理与方法，指出其在当今物理学中的应用，以虚线方式勾画出中国古代物理实验发展的轨迹，或许对了解中国古代物理实验产生、变化、发展的历程具有参考价值。

在介绍我国过去物理实验的知识和成就时，我们之所以摘录典籍原文，是为了展示古代物理实验发展历史的原始风貌，使得我们的介绍更为完整和有条理，让读者更有真实感和亲切感。我们担心有的读者不太懂古文，故又加些注释、译文和解说，并配以图画，力图做到图文并茂、通俗易懂。

本书介绍的若干物理实验，在当今中小学的物理课上，常常由物理教师以现在的或古典的方式做演示，所谓"古为今用"，由于其简单、直观和巧妙，取得了明显效果，引起了同学们的兴趣。

我国从古代至近代，在这几千年中，许多学者为科技的发展做出了积极的贡献，科技成就突出，著述繁多，资料丰富，人才辈出，在物理实验发展史上同样也创造了辉煌篇章，本书述及的只是我国物理实验中极少部分，如蜻蜓点水，难尽其详。况且本人才疏学浅，于知识海洋如井底之蛙，本书疏漏、错误之处在所难免，敬请专家学者和读者不吝指正。

本书编写过程中，参考了古今中外学者许多佳作，所引用的均列在参考文献中，在此向各位作者表示感谢。同时，南京大学物理学院王骏副院长、应学农院长助理等都给予很多支持和帮助，提出很多宝贵意见，在此表示由衷的谢意。我还要感谢我的爱人孔庆云始终如一的支持，她几乎包揽了所有家务，让我有空闲静心写作，得以完成此书，沙明、沙星和季诗雨帮助输录书稿、描绘插图，为本书做出贡献，我也表示感谢。

最后，还要特别感谢南京大学物理学院、江苏省物理学会、江苏省学会服务中心、江苏省青少年科技中心的关心和帮助，使得本书得以顺利出版！

编著者　2021 年 11 月于宁

目录

绪论

《复兴中华任在肩》：

五千年文明古国，科技成就曾领先。四大发明世瞩目，文化辉煌唐宋汉。

如今迈进新时代，复兴中华任在肩。龙腾虎跃惊世界，中华崛起雄姿展。

中华民族具有悠久的历史和灿烂的文明，在数千年的发展历程中，涌现出墨子、沈括、赵友钦、王充、朱载堉、方以智等诸多科技伟人，创造了许多辉煌的科学技术成就，在一个相当长的历史时期居于世界领先地位，对人类文明作出了巨大贡献。中国古代的物理学及其成就也为中华文明增添了光辉。

物理学的发展史表明，物理学是一门实验科学。在物理学中，每个概念的建立，每个定律的发现，无不有其坚实的实验基础。实验在物理学的发展中有重要意义和推动作用。理论与实验有着相辅相成、共同前进的辩证关系。无数事实证明，物理学各个领域的成就无不是理论和实验密切结合的果实。

在中国古代，我们的先人曾经做过大量的实验工作。无论是对现象的观测和记录，或在人为的条件下重现物理现象，做对比实验，以及确定量度标准，制造实验用的观测仪器，等等，其中许多称得上是物理实验，有些在当时世界上是很先进的。本书欲从古代典籍中搜集一些物理实验，加以整理，刊印出来，以飨读者。

中国古代物理实验具有如下的特点。

中国古代物理实验具有特别丰富的内容，在力、热、电、光、声、磁、物质结构、工程机械诸方面都有涉及，不乏个例。

古代典籍中的这些实验源于对物理现象的描述和对生活、生产经验的初步总结，以及一些哲学猜测和思辨。

实验毕竟是零星的，孤立的个别"实验"事例，不具有系统性，当然也就未形成"物理实验"这门学科。而且定性实验较多，定量实验较少。

在思维方法上，虽然主要是直观的观察与思辨猜测，但突出体现了中国人整体思维的特点：注重整体、着重联系、界限模糊。

在我国古代，物理实验是和技术科学密切相关的，二者界线是不分明的。我国古代制作和发明了许多仪器和设备，如浑天仪、地动仪、指南车、透光镜，以及古代建筑和水利工程等，这些成果是古人不断实践的结果，其中包含许多实验内容，即进行了大量的实验研究，而且有的实验水平相当高超。

中国古代物理学与成就存在着一些缺憾。

大多数实验只限于对现象的描述，或者只做了一般的解释，却没有归纳总结形成系统的物理理论。

在研究方法上，对物理现象的思考与解释上采用一般的、模糊的、形象的证明方式，常是笼统的，可此可彼的泛泛方法，缺乏对物理现象的具体分析与严密的逻辑思考。

另外一个严重不足就是缺乏与数学的结合，不善于用数学语言来描述，这就很难做到对物理规律的准确把握和建立理论，在物理实验上不能进行定量的研究。

受传统文化中不利于物理实验的因素及社会因素的影响，"劳心者治人，劳力者治于人"的思想观念对实验产生了精神上的抑制。重思辨、轻实证的思维特征导致了科学实验精神的缺乏，以致在实验方面，古代虽有一些水平较高的实验与技术实例，但总的来说，缺乏对实验的重视。

尽管中国古代物理学中有些不完美，但是瑕不掩瑜，我们首先应该肯定我国古代确实有不少很有价值的物理学成就。和文学、艺术、哲学等其他领域一样，与其他文明古国相比毫无逊色。这些成就都是中华先民兢兢业业、辛辛苦苦做出来的。通过对物理实验的介绍，希望读者从先人那里学习他们科学创造的方法，特别是他们巧妙的设计思想，高超的实验技术以及坚韧不拔的毅力，学习他们严谨的治学方法和实事求是的科学态度，以便在将来的科学领域内有所发现，有所创新。

　　这本书对于从事物理教学的老师，特别是做物理实验的教师或许有参考价值。对于爱好物理的中小学生，也许可以增加一些物理课外知识，如果您感到有点收获，我们就感到欣慰了。在这里我们衷心寄语当代莘莘学子，希望你们：通过回顾物理学发展的历程，了解中华先民对人类文明所作出的伟大贡献，明确自己肩负的使命，为中华民族新的腾飞、为造福人类作出新的贡献。

第一章

先秦时期

第一节　历史与科学技术概述

中华民族历史悠久，文化源远流长。中华民族历史文化形成的最初阶段是在先秦时期，这是从远古经夏、商、周三代直至秦统一（公元前221）之前的历史时期，中国经历了两种社会形态——原始社会和奴隶社会，并且开始进入封建社会。

其间，春秋战国时期（公元前770—前221）是中国历史上奴隶制向封建制转变的社会大变革时期，也是我国从青铜时代向铁器时代的过渡期。铁器的使用和逐步推广是这一时期生产力发展的重要标志。此时期，产生了生铁冶铸技术，有了铁就可用来打造农具和兵器，铁制农具的使用，促使农业技术大发展。冶铁业的兴盛，以及铁器的普及，又刺激采矿业和相关技术的进步。

科学的发生和发展是由生产力决定的。春秋战国时期，随着社会生产力的发展和生产关系的改变，在各国竞相改革的风潮中，拥有文化知识的人士开始独立思考并进行创造性的探索，涌现出一批有开创性贡献的学术大师，形成了思想文化领域中诸子蜂起、百家争鸣的局面。历史上把这一时期的不同学派称为"诸子百家"。诸子百家相互批判，又相互吸收、渗透和融合，使这一时期成为中国历史上思想最活跃、文化最灿烂的时期。儒、道、墨、名、法等学派，在不同程度上，都对我国古代物理的发展作出贡献，其中有些方面达到和领先于当时的世界水平。

我国古代虽然没有专门讨论物理学的书籍，也没有出现"物理学"一词，然而，物理学知识的起源却是很早的。人们在劳动实践中播下了物理学的种子。在先秦时期，物理学的一些主要分支，如力学、声学、磁学、光学等，都已经萌芽，其中有些方面已经取得重大成就。

在此时期问世的两本著作《考工记》和《墨经》，内含大量科学技术知识，也有不少物理学的经验知识。《考工记》作为实际生产技术和有关科学知识的结晶，为后人留下了珍贵的记录。它与几乎同时的《墨经》，犹如两颗璀璨的明珠，交相辉映，两千余载之后，犹令人敬仰不已。

《墨经》中记载有惯性、摩擦力、反作用、浮力原理、杠杆定律、小孔成像、平面镜、光与热的关系、朴素原子论、物质不灭思想，等等。《考工记》所记述的科学技术内容甚为丰富，其中有不少实用的光学知识和力学知识，《考工记》也是手工制度和技术规范的汇集，可以称得上我国古代一部有关手工业的科技百科全书。

此外，还有《管子》关于乐律的三分损益的记载，《庄子》关于鲁遽的瑟弦共振表演的记载，《荀子》关于鲁桓公庙的欹墨的记载，以及《韩非子》关于影戏的记载，这都说明春秋战国时期在我国已有了物理知识的萌芽。这些记载中不乏物理实验的知识，这是理所当然的事情，因为物理学是以实验为基础的自然科学，当然在中国古代也不会例外。

第二节 《墨经》论述的物理实验

一、《墨经》及其作者简介

《墨经》是战国时期墨家的著作《墨子》的一部分，是墨家的科学、逻辑学和哲学著作，虽言简意赅，但内容丰富。

《墨经》的作者与成书年代历来说法不一，相传是墨翟及其弟子们所作。通常的《墨经》一般认为有《经上》《经下》《经说上》《经说下》四篇，约有180条，约5700字。《经说》是对《经》的解释或补充，一般认为《经》是墨家创始人墨翟编写的，《经说》则是由其弟子们所著录的。《墨经》中的自然科学知识，主要集中于数学、力学、光学诸方面。墨家通过大量实验和思辨，对我国自夏代至战国一千多年间的物理学知识，做了系统的整理、总结和发展。《墨经》既是古代力学论说的代表作，又是世界上最早的几何光学著作之一。书中关于力学、声学和光学的研究，都来自实践，许多记叙是以实验为基础的。力学方面墨子研究了杠杆、滑车、轮轴、斜面以及物体的沉浮、平衡和重心。光学方面，《墨经》中关于影、小孔成像、平面镜与球面反射镜成像的实验结果和理论说明，共8条，集中反映了春秋战国时期我国光学的重大成就。

《墨经》文字既简约古奥，又错讹多出。而且经秦始皇焚书坑儒、汉武帝罢黜百家后，墨学衰微两千年。直至清末民初，《墨经》中光学、力学等科技内容才引起学者们的注意。一些学者开始对《墨子》进行研究，已有若干种《墨经》校注与释本面市。但是，还有少部分文字得不到确切的解释，或者各家看法不尽一致，引起争议，这是难免的。

墨翟，人称墨子，鲁国人，大约生活于公元前468年至公元前376年，这差不多是春秋末战国初。墨子出身庶民，是一位制造机械的手工业者，

图1-1 墨翟画像

图1-2《墨经》书影

精通木工,他不仅会造车,还造过类似滑翔机的"木鸢"等机械,在制造守城机械方面,甚至超过那个时代有名的鲁班。他不仅喜好读书做学问,而且深入实践,善于总结经验,根据对自然界的认识,与其弟子共同写成了《墨经》。

下面对《墨经》中记叙的著名物理实验做些介绍。

二、光学实验

《墨经》以连续八条文字记载了光学问题,它们依次是:论影,光源与影的关系,以小孔成像实验证明光的直进性质,光反射,物与光源相对位置和影子大小的关系,平面镜成像,凹面镜成像,凸面镜成像。这八条文字,是墨家从事光学实验,进行精密观察的忠实记录。这比欧几里得的光学记载还早百余年。

《墨经》中的光学是先秦时期最重要的光学成就,光学八条顺序排列,前后连贯,内容丰富,实为古代科学史上罕见的光学文献。

由于汉代以后墨学衰微,加之《墨经》中文字脱、衍、窜、误甚多,为后人的阅读增加了不少的困难。尤其是有关自然科学的条文，"辞古理奥，千载而下，索解无人"。虽然近百年来不断对《墨经》进行校正和注释，但仍有些问题未弄清楚，各家看法不尽一致，我们所引的原文，只能择校释较优者而从之；所作的注释、译文与解说，也是参照一些学者的意见，以我们的理解，说出的一家之言，供读者参考。现将各条释之如下。

1. 小孔成像实验

大约在 2400 年前，墨翟和他的弟子就做过世界上最早的小孔成像实验，并给予正确的分析和解释。《墨经》中这样写道：

［原文］《经下》：景到，在午有端与景长，说在端。

《经说下》：景，光之人煦若射。下者之人也高，高者之人也下。足蔽下光，故成景于上；首蔽上光，故成景于下。在远近有端与于光，故景库内也。

［注释］景：像、影子。到：倒。午：原意为"一纵一横"，形容交错着的光线。端：点，此处指屏中一个小孔。煦：照。库：密室，暗箱之意。内：通纳，入。

［译文］形成倒像的条件，在于光线交叉点有一小孔，而像的大小在于光线的长短。形成这一现象的关键是孔应该既小又端正。

光线照人就像射箭一样笔直飞快。下方的光向上照到人，上方的光向下照到人。脚挡住了下方的光，所以在上方成像；头挡住了上方的光，所以在下方成像。光源、人体、小孔要有一定的距离，远近适当，倒像就会成在密室内。

［解说］ 小孔成像示意如图1-3所示。墨子和他的弟子在这里不仅十分明确地提出光的直线

图1-3　小孔成像示意图

传播观念，而且对小孔成像的原理作了细致的解释，由此可见两千多年前中国古人的智慧。小孔成像是光学上最基本的原理之一，也是摄影技术的基础。这一发现在光学上有重大意义，因为照相机就是根据这一原理制造的。其后，中国古代科学家多次对小孔成像现象进行过比较深入的研究，后面章节还会详细论及。

在对小孔成像现象描述的历史中，南朝沈约值得一提，他的《咏月诗》说："月华临静夜，夜静灭氛埃。方晖竟户入，圆影隙中来。"其中所说"圆影隙中来"，描述的正是小孔成像。隙是小孔，室外满月高悬，透过壁上小孔，投在室内地上仍是圆月一轮。因为月光通过小孔后在室内生成的是月亮的像，在满月情况下，这像当然也是圆的，与小孔形状无关。

2. 演示月魄的光学实验

《墨经》中有一个光学实验，可能是演示月魄成因的。《墨经》中这样记载：

[原文]《经下》：景迎日，说在抟。

《经说下》：景，日之光反烛人，则景在日与人之间。

[注释]景：影。抟：转。烛：照。

[译文]影子迎向太阳，是因为太阳光经反射转了方向。太阳光反照到人时，则影在太阳和人之间。

[解说]本条的意思是，物体的影子（像）有时会迎着太阳，这是因为太阳光被镜子反射转向而造成的，如图1-4所示。太阳光被反射后，照射到人或其他物体上，影子就会落在太阳与人或其他物体之间，出现"景迎日"的现象。

图1-4 太阳光被反射成的半影

墙 半影 人 镜

本来，日光照人，人成影，必在人的后方；但墨家却发现了如果将反光镜对着日光反射在人体上，就产生影子反转现象，即影的位置在太阳与人体之间。

上面所说一物在光源及其反射光下的投影，有人看作是演示月魄成因的实验。月魄是指月初生或圆而始缺时不明亮的部分。天文学上将月魄这样形成的弱光，称为"月面灰光"。

所谓月面灰光，就是在弯弯的月牙出现时，太阳没有照到的月面部分也依稀可见，如图1-5所示，这是地球反射的太阳光照到月面上的缘故。

如图1-4所示，以日光及其为一平面镜反射的光作为两个光源，来照射人，则有一人影（半影）在日与人之间。可认为，镜相当于大地，人体相当于月球，而背向人阳的人体一侧即相当于月魄，那里只被反射光照亮，日光不能直接照到。

在摄影光学上，利用反射光来照射物体，起辅助照明、降低反差的作用，这是摄影师常用的办法。

图1-5　月魄（月面灰光）

3. 影的生成

［原文］《经下》：景不徙，说在改为。

《经说下》：景，光至，景亡；若在，尽古息。

［注释］景（yǐng）：影子。改为：另制，重造。亡：同"无"。在：同"有"。尽古息：不停地滋生。

［译文］影子不移动，关键是重新生成。

光照到的地方影子就消失了。如果影子还在，那是不断滋生的缘故。

［解说］此条大意是说影子产生的原因。影是物体阻隔光源射来的光线而形成的，是光所不及之境，在光照到的地方，就没有影子；如果有影子，那就是光被物体遮挡。　进一步说，如果光源、物体和承影面相对静止，那么影子的位置也相对固定。如果说光源不动，障碍物移动，看来影也随之移动，

但实际上不过是原影不断消失、新影不断生成的过程。由此看来,墨家对于影的生成的解释是正确的,其中显然包含了光线直进的思想。

从文学的角度看影的产生,有了光与影,诗人李白才能"触景生情"写出了"举杯邀明月,对影成三人"(《月下独酌》)的优美诗篇;才会有与光影相关的成语"形影不离""如影相随"等。

4. 本影与半影

[原文]《经下》:景二,说在重。

《经说下》:景,二光夹一光,一光者,景也。

[注释]景二:一个物体在两个光源同时照耀之下必生成两个影子,如图 1-6 所示。一物二影,是两个光源重复照射的结果。

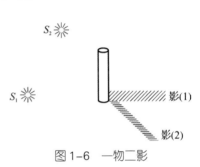

图 1-6 一物二影

说在重:当两个光源的相对位置如图 1-7 所示,这里有两种影子,"本影"与"半影",即"景二"。因为"本影"相对说来比较浓黑,可以看作是两个半影相"重"而成,故云"说在重"。

夹:相夹。

[译文]如果有两种影,就是因为影的重叠。两片亮光夹着一片亮光,那一片被夹着的亮光就是影。

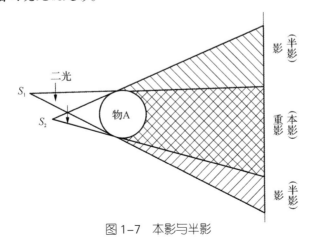

图 1-7 本影与半影

[解说] 本条讨论了本影、半影的生成问题。本条中的"景"仍指阴影。两个阴影相互重叠的区域，叫作重影。重影的产生，是由于两个光源的存在，如图1-7所示（S_1与S_2为两个点光源），从两个光源发出的光使一个物体在壁上形成两个阴影。在适当条件下，这两个阴影可以有一部分互相重叠，形成更为深暗的重影。重叠部分叫作物体的本影，而本影的周围仅由某一个光源所构成的阴影，其暗度较浅者叫作半影，这就是《经下》所说的"景二，说在重"的含义。《经说》进一步指出，之所以形成重影，是由于有"二光"的存在。二光所成阴影夹着"一光"，这"一光"就指重影。所以说"二光夹一光，一光者景也"。

我们以日食为例说明本影与半影：日食发生时，月球在太阳和地球之间，如图1-8所示，在月球身后的地球无法直接被太阳照射，处于本影区的观察者看到的是完全被遮住的太阳，就是日全食，处于半影区的观察者只能看到部分遮住的太阳，就是日偏食。

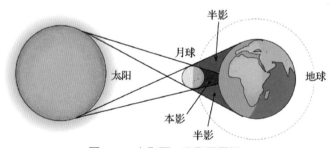

图1-8　本影区、半影区图解

5. 影的粗细长短变化规律

[原文]《经下》：景之小大，说在杝正、远近。

《经说下》：景，木杝，景短大；木正，景长小。火小于木，则景大于木；非独小也，远近。

[注释] 杝（yí）：斜。《经下》文"杝正"原作"地缶"，从孙诒让校正（《墨子闲诂》）改为杝正。火：灯火，光源，在此指太阳以外的光源。"火"，《经说下》文误为"大"，不通。从曾耀湘校正（《墨子笺》）改之。

[译文]影子的小或大，决定于被照射物体的斜正、远近。木斜，影短大；木正，影长小。光源小于木，则影大于木。不仅是光源小的问题，光源的远近也会影响影的大小。

[解说]本条讨论物体影子的大小与光源的关系。记载标杆在地面上投影的粗细长短的变化规律。不过，这里是以火把为光源，而非直接以太阳为光源。试看光源距地面较近时的成影情况，如图1-9所示，当杆 OA 处于直立状态时，它的影子是 OA'。作一个通过光源和棒 OA 的平面，姑且把它称作"基准面"。当棒在基准面内倾斜时，影子会变短。例如，当杆的位置是 OB 时，影子是 OB'，OB' 比 OA' 短。但在光源的位置比较高，例如，被接近中午时分的太阳照射时，当杆在基准面内倾斜时，影子反而会变长，如图1-10所示。并且在上述两种情况下，影只有长短的区别，并没有明显的大小区别。只有当光源是离地面比较近的普通灯火，而不是天上的太阳和月亮，而且杆是偏离基准面，亦即向基准面两侧倾斜时，才会有"木杞，景短大；木正，景长小"的现象。

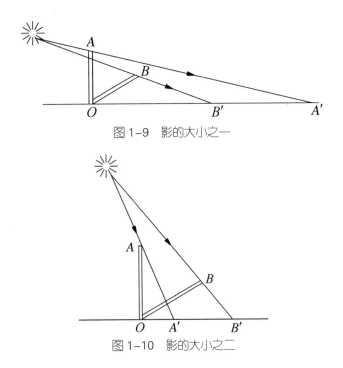

图1-9 影的大小之一

图1-10 影的大小之二

《经说》进一步指出，当光源形体小于木时，所成之影必大于木；所以说"火小于木，则景大于木"。这实际上从反面说明了，如光源大于木，则影必小于木。

除了"木"的斜正、光源的大小会影响影的大小外，光源的远近也会影响影的大小，所以后面有一句"非独小也，远近"。

6. 平面镜成像

[原文]《经下》：临鉴而立，景到，多而若少，说在寡区。

《经说下》：临，正鉴，景寡。貌能、白黑、远近、杝正，异于光。鉴、景当俱；就、去，亦当俱。俱用北。鉴者之臬，于鉴无所不鉴。臬之景无数，而必过正。故同处其体俱，然鉴分。

[注释]对于此条原文，有人认为讹错较多，难以详解。虽然多数人认为，本条叙述平面镜成像，但在标点、训字与释义上却有较大的分歧。这里我们采取洪震寰的书写、标点与解释。

临鉴：临指面对；鉴，有镜子和观看两层意思。景：本条中指像。到：同"倒"，作"逆，反"解。寡区：指两平面镜夹角区域减小。正鉴：平面镜。能(tài)：通"態"（"态"的繁体），姿态，状态。白黑：在此指"亮暗"或"清楚模糊"。异于光：因入射光而引起。当俱：面对面地在一起。就去：走近和离开。俱用北：方向全都相反。鉴者：照镜子的人或物。臬（niè）：古代测日影的标杆，此作为平面镜前之物。过正：指"越过镜面"，即"在镜面后方"。体：局部，整体的组成部分。

[译文]面对镜子站立，就有反向的像出现；像很多，但又好像很少。这说的是单一的平面镜的情况。平面镜只有单一的像，它的形貌、姿态、明暗、远近和斜正都由入射光引起。被镜子照的实物和像面对面地一同存在；并且面对面地一同靠近或离开，方向都相反。标杆与其像在两面镜中反复成像，构成了无数个像。这些像与物或前一级像相比较，都是倒立的。这是由于每面镜子成像都按照对称规律成像且由两面镜分立的结果。

[解说]本条描写了平面镜成像情形。本条的意思是：物体立在平面镜上，其像是倒立的（一般人照像是立于平面镜前，此处"临鉴而立，景到"

是指物体与平面镜相垂直时的情形，就像人站立在湖边，以湖面静水为镜所成的像，如图1-11所示；或者将镜子平放在地面上，人在其上所成的像），单独的平面镜只形成一个不变的像；其形状、颜色、远近以及斜正的程度均随物体而异。

图1-11　倒影

在此条的表述中，墨家指出了平面镜的对称现象。

当两个平面镜成直角放置时，将产生重叠的像；当两个平面镜的夹角小于或大于直角时，也会出现重叠的像。虽然重叠像是由两面镜子分别形成的，但是各对应部分都是相同的。

这段话阐述了平面镜的成像特征，物体发出的光线经平面镜反射后形成虚像，像与物体相对于平面镜是对称的。当平面镜的数目不止一个时，一

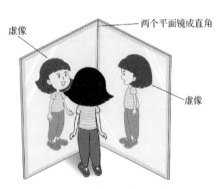

图1-12　平面镜不止一个时，
一物可形成多个像

个物体可以形成多个像（图1-12），有的像可以重叠在一起。

7. 凹面镜成像

[原文]《经下》：鉴洼，景一小而易，一大而正，说在中之外、内。

《经说下》：鉴，中之内：鉴者近中，则所鉴大，景亦大；远中，则所鉴小，景亦小，而必正，起于中缘正而长其直也。中之外：鉴者近中，则所鉴大，景亦大；远中，则所鉴小，景亦小，而必易，合于中而长其直也。

[注释]鉴洼：即凹面镜，洼者凹也。一小而易的"易"是倒立的意思。正是正立的意思。中：球心与焦点之间的通称，也有人认为是指凹面镜的焦点。直：与"值"含义相同，指的是像的大小数值。

[译文]凹面镜有一个小的倒像和一个大的正像，关键看被鉴照的实物在中点的外侧还是内侧（如图1-13所示）。

当实物在中点内侧时：从中点观察若被镜子照的实物离中点近，它看起来就大，所成的像也大；若实物离中点远，它看起来就小，生成的像也小；但这些像必定都是直立的。如果实物的光是由中点发出的，反射光就变成沿着主轴方向的、又长又直的光束。当实物在中点的外侧时：从中点观察，若被镜子照的实物离中点近，它看起来就大，所成的像也大；若实物离中点远，它看起来就

图 1-13 凹面镜成像

小，生成的像也小；这些像必定都是倒立的。如果再进一步把被镜子照的实物移到离中点更为遥远的地方时，其结果就符合长而直的光束反射的情况。

［解说］本条是对凹面镜成像规律的表述。 物体通过凹面镜可以形成两个像：一个是缩小倒立的像，一个是放大正立的像，到底形成哪个像，由物体所在的位置而定。当物体在焦点之内（中之内），如图 1-14 所示。即物体在焦点与镜之间时，又可分两种情况：在距离焦点较近时，其像较大（如图中 A'）；在距离焦点较远（更靠近镜面）时，其像较小（如图中 B'），像都是正立的（虚）像。物体在焦点与镜面之间时，均形成放大的正立的（虚）像。

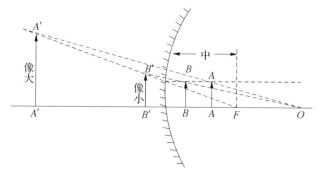

图 1-14 凹面镜成像规律（物体在焦点内，图中

A、B—物，A'、B'—像，F—焦点，O—球心）

当物体位于焦点之外（中之外）时，如图 1-15 所示，也可分为两种情况：物体靠近焦点，其像较大（如图中 B'）；物体远离焦点，其像较小（如

图中 A′），但两者部是倒立的（实）像。

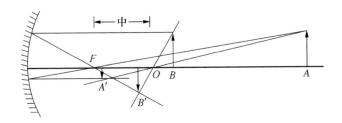

图1-15 凹面镜成像特征（物体在焦点之外）

由上面分析可以看出，《墨经》中关于凹面镜成像的叙述，均与当代的实验结果相符合。这表明远在2400余年前，我国古代人民的科技知识已达到相当高的水平。

8. 凸面镜成像

［原文］《经下》：鉴团，景一。

《经说下》：鉴，鉴者近，则所鉴大，景亦大；其远，所鉴小，景亦小，而必正。景过正，故招。

［注释］ 鉴团：指凸面镜。招：即招摇，是动摇恍惚不定的意思。

［译文］凸面镜只有一种像。

若被鉴照物离镜面近（如图1-16中A），看起来就大，生成的像也大，（如图中A′所示）；若被鉴照物离镜面远（如图1-16中B），看起来就小，生成的像也小（如图中B′所示）；但生成的像必定都是直立的。当物体距镜面过远时，像就会动摇、模糊。

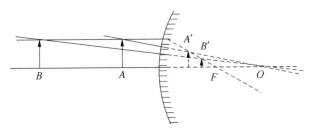

图1-16 凸面镜成像图（F为焦点，O为镜面球心，A、B为人或物在镜面外的不同位置，A′、B′为相应位置的像。）

[解说]此条是关于凸面反射镜成像的实验记录和理论说明。本条的意思是：物体经凸面镜只成一个像，而且总是正立、缩小的（虚）像，当物体与凸面镜相距过远时，像就不正常，以至摇晃而模糊不清。

凸面镜也叫广角镜、反光镜、转弯镜，常设置于各种弯道、路口，如

图1-17　弯道设置的凸面镜（转弯镜）

图1-17所示，用来扩大司机视野，及早发现弯道对面车辆，以减少交通事故的发生；也可以用于超市防盗，监视死角。

三、力学实验

《墨经》关于力学的记述是我国最早的、较为完备的力学史料。《墨经》的力学记载涉及力的定义、合力、物体重心、杠杆和滑轮原理，内容丰富，自成体系。

1. 力的平衡实验

墨子对力的平衡问题做了比较详尽的观察和分析，他通过对天平和杆秤的分析对杠杆原理做过科学的概括。《墨经》中有这样的论述：

[原文]《经下》：衡而必正，说在得。

《经说下》：衡，加重于其一旁，必捶，权重相若也。相衡，则本短标长。两加焉，重相若，则标必下，标得权也。

[注释]衡：平衡。得：得当，适当。重：指重物。权：秤砣。本：秤杠提纽（支点）靠重物一边的杆长叫"本"（重臂），靠秤砣的另一边杆长叫"标"（力臂），如图1-18所示。杆秤实物图如图1-19所示。标得权：标方（秤尾）得到秤砣加重之势（力）。

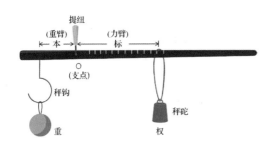

图 1-18　杆秤的分析

图 1-19　杆秤实物图

［译文］若秤砣放置适当，则秤杆必定平正，秤砣所在位置指示的质量与秤钩上重物的质量相等。秤杆平衡，秤头短、秤尾长。在秤的两边同时增加相同的质量，则秤尾下坠，即"标必下"。这是因为秤砣对"标"一边的作用过大了。也就是说，杠杆的平衡不但取决于加在两端的质量，还与重臂、力臂的长短有关。

［解说］此条说明杠杆平衡原理。天平和杆秤实际上都属杠杆，所以《经说下》以杆秤为例，说明此原理。杠杆有三点：支点、动力作用点、阻力作用点。从支点到动力作用线的垂直距离叫动力臂，从支点到阻力作用线的垂直距离叫阻力臂，在图 1-18 中分别简称为力臂和重臂。现代物理学将杠杆平衡原理表述为：当杠杆平衡时，杠杆两侧的受力与力臂的乘积相等。或者说，作用在杠杆两侧力的大小同它们的力臂成反比。将《墨经》本条与上述表述对照，一一相印。可见墨子之高明。

《墨经》还记载这样一种杠杆实验（如图 1-20），书中这样记述：

［原文］《经下》：均之绝否，说在所均。

《经说下》均：发均悬轻，而发绝，不均也，均，其绝也莫绝。

［注释］均：平衡。发：头发。绝：断绝。

［译文］结构均匀的东西断或不断，在于结构均匀的程度。

头发丝悬挂物体，头发丝断了，是因为结构不均匀。如果结构均匀，悬挂物体的发丝就不会断绝。

［解说］实验做法是：将不等臂秤的力臂端的绳换成一根头发丝，如图

1-20 所示，并以人力往下拉扯头发丝来代替砝码。《墨经》中指出若杠杆两边不平衡，则头发丝会断绝（"发绝"）；若延长力臂，缩短重臂，使杠杆两边平衡，则头发丝不会断绝（"莫绝"）。

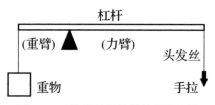

图 1-20 头发丝作拉绳的杠杆实验

戴念祖先生说："由于历代辗转传抄，致使《墨经》参差舛错、误衍脱窜者甚多。……致使长期难为人所读。"[1] 后经多人校注，《墨经》中文字方可为读。因此，上述实验，另有一版本。[2]

[原文]《经下》：均之绝不，说在所均。

《经说下》：发均，县。轻而发绝，不均也。均，其绝也莫绝。

[注释] 均：均匀。 发：头发，钱宝琮先生认为在此不是指一根单独的头发，而是指用头发编成的绳子[3]。绝：断绝。县：同"悬"。

[译文]内部均匀的东西，会不会断裂，关键在于均匀的程度。头发如果是均匀的，就能悬挂东西。如果悬挂轻的东西头发也断了，就是因为它不均匀。如果是均匀的，那就不会断了。

[解说]古人曾用头发编成绳子来悬挂重物，结果发现，有的头发被拉断，有的头发没拉断。墨家认为，重物的质量均匀地分配在每一根头发上，这些头发就一根也不断。用头发绳共悬一重物，头发松紧不同，其中有一根拉得比较紧、受力比较大，这根头发就会首先断绝，其他的头发因为不能承受重物的全部质量，也随之都断了。

2. 砖石受力平衡实验

《墨经》对建筑砖石的受力平衡问题曾经作了实验性的讨论。《墨经》写道：

1 戴念祖：《中国物理学史·古代卷》，南宁：广西教育出版社，2006，第 11 页。
2 雷一东：《墨经校解》，济南：齐鲁书社，2006，第 296 页。王春恒：《中国古代物理学史》，兰州：甘肃教育出版社，2002，第 54 页。
3 钱宝琮：《〈墨经〉力学今释》，见中国科学院自然科学史研究所编《钱宝琮科学史论文选集》，北京：科学出版社，1983，第 494 页。

[原文]《经下》：堆之必柱，说在废材。

《经说下》：堆，并石，垒石耳，夹寝者，法也。方石去地尺，关石于其下，悬丝于其上，使适至方石，不下，柱也。胶丝去石，挈也。丝绝，引也。未变而石易，收也。

[注释] 堆：堆积、堆砌。柱：支撑。废：放置。并：整齐排列。垒：堆叠。耳：语气词，而已，罢了。夹：夹室，在堂的两头。寝：居室。关：措，置。丝：绳子。胶：固定，牢固。挈（qiè）：提起，提升。引：牵引，吸引。易：改变。

[译文] 堆砌材料时一定要支撑好，关键在于如何放置材料。堆砌，就是把石块整齐排列并叠高起来。这是营造夹室和居室的方法。一块方石，离地一尺高，在它下面放了另一块石头，在方石上方挂了一条绳子，使这条绳子下端刚好碰到这块方石。方石不坠落，是受到下面石头的支撑力，这叫作"柱"。用那根绳子捆牢方石，把下面那块石头去掉，方石也不坠落，这叫作"挈"（提）。绳子断了，方石就落下，这是地心引力所致，这叫作"引"。前面所说的挈，方石被绳子提挈，挂在空中，前者方石悬空而位置未变，后者方石落地而改变位置，分明是地心引力在起收曳作用。

[解说] 在建筑石墙时，所堆砌的石料下面要有支撑物。将石料一块块地堆砌成墙，每块石料旁有夹持的石块（夹持），其下有垫石（垫持），这是建筑的法式（如图1-21），垒石建筑如图1-22所示。

墨家做了一个垒石砌墙实验，演示上面一块方石所受到的四种力的作用。取两块同样大小的方石，将一块方石提举到离地一块方石的高度，在它下面放进另一块方石，上面悬挂一条绳子，使

图1-21 建筑法式

图1-22 垒石建筑图

下端刚好够着上面一块方石，如图 1-23 所示。然后演示上面一块方石所受到的四种力的作用。

（1）支撑：如图 1-23 所示，在一块方石的下面放了另一块石头，上面挂了一条绳子，绳子的下端刚好碰到方石，所谓"方石去地尺，关石于其下，县丝于其上，使适至方石"。在这种情况下，绳子虽然碰到了方石，但并未与方石连接，方石不落下，故曰"不下"，是因为受到下面那块石头的支撑。这称作 "柱"，即"支撑"。

（2）挈力：如图 1-24，用那根绳子捆牢方石，把下面那块石头去掉，方石也不坠落，这是因为上面有根绳子吊着它，方石受绳子的挈力，即"提"。所谓"胶丝去石，挈也。"

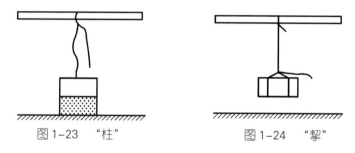

图 1-23 "柱"　　　　　图 1-24 "挈"

（3）引力：绳断了，则方石受地球引力而下落，所以说："丝绝，引也。"如图 1-25 所示。

（4）收力： 如图 1-26 所示，绳子并未断，石头仍然被绳子系着，而是通过牵引绳子末端来改变石头的位置。例如，将石头提升，这就是"未变而石易"。这一情况称作"收"。

"引"和"收"的区别是：物体受到"引"力作用时垂直落向地面，落下的速度不能人为地控制；而在受到"收"力作用时，它的运动方向取决于"收"力的方向，它的运动速度也受到"收"力的控制。

墨家关于建筑石料的受力分析，虽然没有用数学方法，但是，对于石料的每一种平衡状态都能找出抵消石料重力的作用力。这个受力实验及其分析，是战国时期力学的重大成就。

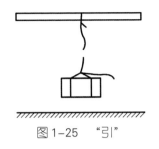

图1-25　"引"

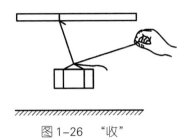

图1-26　"收"

3. 滑轮

滑轮，一种简单机械，古人称为"滑车"。应用一个定滑轮，可以改变力的方向；应用一组适当配合的滑轮，可以省力。从战国时期起，滑轮就广泛应用于战斗武器、井中提水工具等。现有典籍中最早讨论滑轮力学的是《墨经》。其原文如下：

[原文]《经下》：挈与收仮，说在薄。

《经说下》：挈，有力也。引，无力也。不必所挈止于施也，绳制挈之也，若以锥刺之。长重者下，短轻者上。挈，上者愈得，下者愈亡。绳直，权重相若，则正矣。收，上者愈丧，下者愈得。上者权重尽，则遂。

[注释]仮：同"反"。薄：依附。挈：牵拽，拉。施：指斜面。锥刺：以锥刺入物体。正：在此作平衡解。遂：成功，完成。得：升高。亡：同"丧"，下降。权：本指秤锤，这里指用来提升和收取重物时，起牵引、平衡作用的物体。

[译文]用滑轮升降物体，提升和回收的动作相反，因为它们互相依附。

提升是用力的，引是不用人力的。要提升重物，不必限于只用斜面，也可以用绳索绕过滑轮以提升重物（"绳制挈之"），这就像利用锥子比利用钝器更易刺入物体一样（"若以锥刺之"）。提升时，长的一方重，所以它下降；短的一方轻，所以它上升。上升的一方升得愈高，下降的一方就降得愈低。绳子拉直时权力和重力相当，滑轮便达到平衡。回收时，原来在上的一方降得愈低，在下的一方就升得愈高。当在上的一方降到地面时，整个过程就完结了。

[解说]对该条内容的看法众说纷纭。有人认为《经说下》说的是杠杆

的平衡；有的以为指的是桔槔和滑车；方孝博以为此条文字是讲滑轮升重之法。正所谓"仁者见仁、智者见智"。我们依戴念祖先生的意见[1]，认定本条是说明一个定滑轮两边绳子受力和运动的实验。

《墨经》将滑轮称为"绳制"，是包括滑轮和绳索在内的整个机构。利用一个定滑轮升重物，绕过滑轮的绳索两端分别挂"权"和重物。《墨经》将向上提举重物的力称为"挈"，将自由往下降落称为"收"。上引《墨经》条文谈到图1-27所表示的几种情况：

(1)图1-27a表示"挈"的力与"收"的力方向相反。

(2)从图1-27b中"挈"这一方看，在定滑轮的一边，绳较长、物较重，物体就越来越往下降；在其另一边，绳较短、物较轻，物体就越来越被提举向上。

(3)图1-27c所示，如果绳子垂直地面，绳两端的重物相等，滑轮就平衡不动，即"绳直，权重相若，则正矣"。

(4)图1-27d所示，如果满足"绳直，权重相若"这两个条件的滑轮并不平衡，那么所提挈的物体一定是在斜面上，所谓"不正，所挈之止于施也"。

从图1-27b中"收"的方面看，情况正与"挈"相反，原来在上的一方降得愈低，在下的一方就升得愈高。所以说："上者愈丧，下者愈得。"直到"上者"降到地面，整个过程就完结了（"则遂"）。

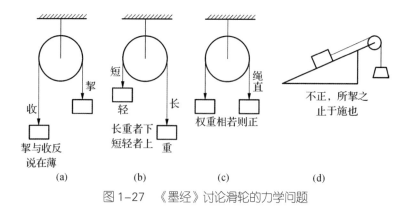

图1-27　《墨经》讨论滑轮的力学问题

1　戴念祖，老亮：《力学史》，长沙：湖南教育出版社，2001。

由此可见，《墨经》作者是对滑轮升降重物做了周密观察和实验，才能对其工作原理有如此独到的论述。

4. 斜面的利用

《墨经》记载了一个斜面车实验 (如图 1-28)，以探讨斜面的功用。原文如下：

[原文]《经下》：倚者不可正，说在梯。

《经说下》：倚、倍、拒、挈、射，倚焉则不正。挈，两轮高，两轮为轮，车梯也。重其前，弦其前。载弦其前，载弦其轴，而悬重于其前。是梯，挈且挈则行。……若夫绳之引轴也，是犹自身中引横也。

[注释] 倚：依靠，梯：斜面。倍：背负。拒：抵拒。挈：牵引。射：射箭。轮：全用木制成的、没有辐条的轮子。车梯：兼车子与梯子两种用途于一身的器械。重：动。载：通 "再"。弦：绷紧，在本条文中，弦指用绳子环绕滑轮并拉得像弓弦那样绷紧。轴：轴辘的简称，此处指定滑轮。且：此，这。若夫：至于。横：船前的横木。

[译文] 要升起重物，可以用斜面，例如车梯。

人在作背负、抵拒、牵引、射箭动作时，身体都偏斜不正，以便用力。提升重物的车梯也应用斜面原理。车梯，顾名思义，是兼车子与梯子两种用途于一身的器械。其构造特点，是后边两轮高，前边两轮低，上铺木板以构成斜面（如图 1-28 ）。

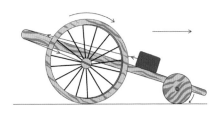

图 1-28 《墨经》记载的斜面车及其引重实验

在车梯后端装一个滑轮，绕过滑轮的绳索一端系在后轮轴上，并拉紧，另一端系在车梯低处的重物上 (如图 1-28)。当用力拉车前进时，因后轮轴转动而将绳索缠绕于其轴上，重物即被牵引而沿斜面上升。这种车梯提挈重物，一边提拉绳索，一边重物逐渐升高。至于用绳索拉着车轴使车梯移动，犹如用绳索拉着船前的横木，使船前行一样，这就是 "若夫绳之引轴也，是犹舟中引横也"。

[解说]墨家为了验证斜面的作用，制造了一种斜面车（图1-28）。该车前轮小，后轮大。前后轮之间装上木板，就成为斜面。在后轮轴上系紧一绳索，通过斜板高端的滑轮将绳的另一端系在斜面重物上。这样，只要轻推车子前进，就可以将重物推到一定高度。

这个车梯实验表明，提举重物原是吃力的活儿，若是将滑轮装在车梯上，重物可以在车梯前进时被提举到高处，因而利用了斜面和滑轮就可以省力了。

5. 横梁承重试验

墨家做横梁承重试验，并做初步的力学解释。《墨经》中有如下记载：

[原文]《经下》：负而不挠，说在胜。

《经说下》：负，衡木加重焉而不挠，极胜重也。右校交绳，无加焉而挠，极不胜重也。

[注释]挠：弯曲，挠曲。胜：胜任。衡：横。极：强度。校：连木，横木。右：助。交：绞，捆绑。

[译文]材料如果负重而不挠曲，是因为它胜任载重。横木载重时不会挠曲，是因为它的强度胜任载重。绳索捆绑成的连木，还未加重就已经挠曲了，是因为它的强度不胜任载重。

[解说]此条目有几种解释，我们在此介绍徐克明的解说[1]，此条表明下面两层意思：

（1）若一横梁承受某负荷而不挠曲，则说明此横梁是胜任此负荷的（"负而不挠，说在胜"）。墨家做了这样的横梁载重试验。在试验中，横放一根木材（"横木"），两端支起，来模拟建筑物中的横梁，如图1-29（a）所示；又在上面加上荷重（"加重"），来模拟横梁在建筑物中所受到的负荷，如图1-29（a）。

若此时横木不挠曲（"不挠"），则说明此横木是胜任此荷重的（"胜重"）。从力学上说，是什么胜任荷重呢？是强度（"极"），极字的一个含意是"倦"，倦是力尽，因此把极字解释为强度或抗弯力。

1　徐克明：《墨家物理学成就述评》，《物理》5卷1期，1976，第53页。

（2）另外，取两根木材用绳索捆绑成连木（"有校绞绳"，校是连木），支放如图1-29（b）所示。显然，这样的连木就算不加荷重也会由于自重而挠曲（"无加焉而挠"），说明其强度是不能胜任任何荷重的（"极不胜重也"）。

（a）横梁抗弯力 *F* 胜任外加荷重 *W*，不产生显著挠曲；
（b）连木不加荷重，就由于自重而挠曲。

图1-29　横梁承重试验

从现代力学观点看，横梁承重总是要产生一定的挠曲的，墨家所谓"不挠"只是挠度很小，不易察觉而已。

四、声学实验

1. 埋缸听声

墨家不仅力学和光学成就卓著，而且对声学也颇有研究，并将成果用到军事上，例如他们设计的一种地下声源定向装置，所谓地听器，就有独到之处。墨翟本人曾多次提到这种装置。在《墨子·备穴》篇中记载了埋缸听声的方法，就是采用地听器，用来侦探敌方的行动。埋缸定向的装置，后人一直沿用。埋缸听声有多种形式，都是用于反坑道战的，其中一种记述如下：

［原文］《墨子·备穴》：穿井城内，五步一井，傅城足。高地，丈五尺；下地，得泉三尺而止。令陶者为罂，容四十斗以上，固幂之以薄皮革，置井中，使聪耳者伏罂而听之，审之穴之所在。凿穴迎之。

［注释］穿井城内：在城内挖地洞。傅城足：靠近城墙根。傅：靠近。足：墙根。高地：地势高。下地：地势低。陶者：烧制陶器的工人。罂（yīng）：古代的一种陶器，大腹小口。幂：覆盖。固幂之以薄皮革：即紧绷

薄皮革。

[译文] 在城内挖井，每隔五步挖一井，要靠近城墙根。地势高的地方掘深一丈五尺，地势低的地方，打到出水，有三尺深就够了。命令制陶工人烧制肚大口小的坛子，大小能容纳四十斗以上，用薄皮革蒙紧坛口放入井内，派听觉灵敏的人伏在坛口上静听传自地下的声音，确切地弄清楚敌方隧道的方位，然后挖穴道迎上去。

[解说] 有人认为这是一个证明固体也能传声的实验，利用了声音共振的原理。正所谓"伏罂而听，审知所在"，这是墨子发明的一种反坑道战的监听设施——地听器。地听器是可以和外界声源发生共振的中空器物，实际上就是一种共鸣器。中国古代的地听器有多种形式，其中之一如本条目所说，它是由陶坛或瓦瓮等陶器组成的，将它埋于地下以监听并识别地面声源的方位。古代人称它为地听或瓮听（图1-30）。这是声学知识在军事上的应用。

图1-30 古代的瓮听和地听

墨家在实践中发觉：声音在地下的传播速度高，而衰减少。声音在固体物质（如地下）传播过程中，若遇有空穴（如埋入土中的陶坛、瓦瓮之类），声能就在空穴的各界面之间连续反射、产生混响，谛听邻近几个空穴的响度差异，就可以大致识别声源的方位。因为这种地听器能够将固体物质中传播的声音放大，使原来听不见的声音变得可以听见，因此有人称它为声音放大器。以上是地听器的原理。

具体到本条目中，通过敌军挖掘坑道的声波经由地下传到瓦坛表面后，聚焦到坛子中，引起坛体共振而放大，并引起坛口蒙皮受迫振动，容易被人听到，又可根据若干相邻瓦坛的响度差异，从而确定敌军坑道所处的方位。

那么，在低地为什么挖井要打到出水呢？这是由于土壤孔隙被水充满后，其传声性能提高。

上述《墨经》中的"听瓮"，让我们联想起现代一个固体传声实验。此实验在初中物理课本里也能找到，实验中的装置叫"传声筒"，或称"土电话"。有的同学或许在物理课上看到过这种演示，课本中写道："截竹筒两枚，空其两端，各以一面用皮纸冒之，胶封甚固。两筒纸面相向，取长数丈细线穿过之，使两人各执一筒，一人属口于此筒之空面，一人属耳于彼筒之空面，相去数丈，属口者随意言语，属耳者听之了了，他人不闻也。"传声筒制作材料如图 1-31 所示，传声筒实验示意如图 1-32 所示。

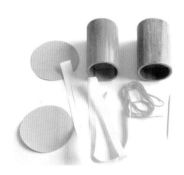

图 1-31 传声筒制作材料

图 1-32 传声筒实验示意图

读者试看，上面说的"传声筒"是不是与《墨经》中的"地听器"相似？可以说，"罂"相当于"听话筒"，敌人挖地道相当于"发话筒"，而连接地道与罂里的泥土相当于"线"，这样就构成了"土电话"系统。此外，"听瓮"装置与当今有线电话也有点相似，如果把这种装置说成是电话的始祖，也未尝不可。

第三节 《考工记》中的物理实验

一、《考工记》简介

《考工记》是春秋战国时期有关手工生产的科学技术文献，被认为是我国古代第一部工程技术知识的汇集。该书被保藏于《周礼》一书的第六章，也就是最后一章中。《考工记》内容广泛，实用性强，记述范围几乎包括了当时手工业的所有主要工种。该书不仅具有丰富的力学和声学知识，在光学方面也有许多技术与知识性的记述。

关于《考工记》的作者、成书年代，众说纷纭，有人推断其为春秋末年齐国的官书，也有人认为是战国初期齐国文儒编纂而成的。

现存的《考工记》一般分为两卷，总字数为万余字。《考工记》是我国第一部记述官营手工业各工种规范和制造工艺的文献，全书记述了木工、金工、皮革工、染色工、玉工、陶工等6大类、30个工种。技术内容涉及先秦时代的制车、兵器、礼器、练丝和染色、建筑和水利、皮革加工、乐器制造等手工业的制作工艺和检验方法，以及天文、数学、物理、化学等自然科学知识，记载了一系列的生产管理和营建制度，呈现了中国先秦手工业的雏形。

《考工记》在记述各种手工业生产的设计要求、制作工艺时，力图阐明其科学道理，该书不仅在中国，而且在世界上也是一本最早、最详细的科学技术文献。

图 1-33 《考工记》书影

《考工记》不仅在中国历史上有过很长久的重大影响，在世界上也产生过广泛影响。《考工记》大约在唐代随《周礼》传播到日本、朝鲜等国，19世纪传播到欧洲大陆。其中有关科学技术的内容也日益受到各国学术界的重视。

二、《考工记》中的声学知识

在声学研究方面，我国古代有着丰富的古籍记载，例如，《考工记》中有许多卓越的发现和经验总结。

经过大量的经验积累，《考工记》不仅记述钟、磬、鼓的发声特征及调音技术，而且对设计制造编钟的技术也做了较为详细的记载。略去其中对钟体各部分名称、比例及其位置的描述，这里仅将钟壁厚薄、钟口大小、钟体长短所产生声学效果的原文引述如下。

［原文］凫人为钟，……薄厚之所振动，清浊之所由出，侈弇之所由兴。有说，钟已厚则石，已薄则播，侈则柞，弇则郁，长甬则震。是故大钟十分其鼓间，小钟十分其钲间，以其一为之厚。钟大而短，则其声疾而短闻；钟小而长，则其声舒而远闻。为遂，六分其厚，以其一为之深，而圜之。

［注释］鼓间：两鼓间的距离，即钟口的小径。石：像叩石那样无声。柞：声音狭窄急迫。短闻：出声急疾，则声易消竭，不能远闻。侈：大，夸大。弇：古代指口小腹大的容器。遂：通隧，隧、鼓与钲均为钟的部位名称，参见图1-34钟的各部位名称示意图，大钟实物如图1-35所示。圜：圆的，圆形的。

［译文］凫氏制作钟，……钟体的厚薄，决定了其受到震动时所发出的声音音调的高低；钟口的外侈和内敛的阔狭，对其也有影响。其中有它的道理：钟体太厚，敲起来就像击石，声音发不出来；钟体太薄，声音会显得散而不聚；钟口张得大，声音响而外播，余音嘈杂；钟口过于内敛，声音郁闷，不够悠扬；甬太长了，声音发颤而不正。因此对于大钟，钟体厚度应为其鼓间的十分之一；对于小钟，钟体厚度应为其钲间的十分之一。钟体大而短，声音尖锐短暂，传播距离近；钟体小而长，声音舒扬，传播距离远。制作钟

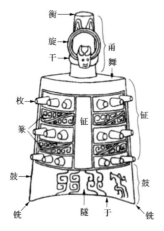

图 1-34　钟的各部位名称示意图

图 1-35　大钟实物

口内侧供调音用的隧时，应使其面为圆弧形，高度为壁厚的六分之一。

[解说] 本条目是古人根据丰富的制钟经验，总结的制作规范，也可看作通过实验得出的结论，大体上符合发声原理，在当时世界上是非常出色的工作。

从原文中可看出《考工记》作者对于钟的声学原理是知道的。文中对钟所发出声响音调高低与钟体壁厚关系的描述，非常准确，符合现代声学原理。在《考工记》所述钟振动发声情况下，音调高低、音色优劣确与钟体厚薄、钟身长短及其口径之比有关系。钟体厚，敲击时发出的音调高，但振幅和声强较小，高频率声音传播时衰减较快，传播距离相应较近。钟体薄，敲击时发出的音调低，但振幅和声强较大，低频率声音传播时衰减较慢，传播距离相对远一些。但若钟体过薄，敲击时钟体几何形状容易改变，发出的声音音色变劣。因此，古人在钟口内壁专门铸造了一块突出的地方，即所谓的"隧"，供锉磨以调音，这种做法是很妙的。

三、热学实验——温度的判定

温度是热学中的重要概念，同人们的生活与生产密切相关，因此古人对温度进行经验性的测量。在冶炼金属或烧制陶瓷的过程中，古人以对"火候"的观察来定性地判断温度高低。《考工记·凫人篇》中记载了青铜冶炼时火色与温度的关系。

[原文] 凡铸金之状，金与锡，黑浊之气竭，黄白次之；黄白之气竭，青白次之；青白之气竭，青气次之，然后可铸也。

[注释] 铸金之状：冶炼金属时挥发气体的颜色。金：此处指铜，古代写为"金"。

[译文] 凡是冶炼青铜，用铜与锡作为原料，一开始冶炼时冒出黑浊的气体，然后是黄白色的气体。黄白色的气体消失后，冒出的是青白色的气体。青白色气体消失后，冒出青色气体，这时就可以浇铸器物了。

[解说] 这里讲的冶炼青铜的情形，是古人冶铸金属多次实验观察的结果。"铸金之状"不同颜色的"气"，是金属在加热时，由于蒸发、分解、化合、激发等作用而生成的火焰和烟气。古人不懂得如何测量冶炼温度，他们是通过观看冶炼时的火焰来判定冶炼进程的。

古代冶炼青铜如图 1-36 所示。冶铸青铜合金时，从火焰的颜色可看出铜与锡是否熔化，可否开炉铸造。就今日冶铸技术看，《考工记》里的描述是真实的。首先熔解挥发的是那些不纯杂物，呈现"黑浊"的焰色；然后熔点较低的锡熔解并挥发，呈现"黄白"的焰色；随温度上升，铜熔化并挥发，呈现"青白"焰色；最后，"炉火纯青"，此时铜、锡中所含的杂质大部分已经跑掉，

图 1-36　古代冶炼青铜

就可以浇铸青铜器了。这种察看火候的方法，是古人经验的结晶，具有很高的实用价值，被历代工匠所沿用。时至今日，某些冶炼过程中仍然通过观察焰色以判定炉内反应进程。《考工记》的原始火焰观察法可以看作近代光测高温术的先驱。

四、材料强度的检验

任何材料都具有一定的抗弯曲极限，古人以弯曲变形方法检验材料强度。《考工记·庐人》中记载"试庐"一事，所谓"庐"就是古时戈戟之类长兵器的木柄，"试庐"是检验木柄强度的试验，原文如下。

[原文]凡试庐事，置而摇之，以眂其蜎也；炙诸墙，以眂其挠之均也；横而摇之，以眂其劲也。六建既备，车不反覆，谓之国工。

[注释]置：竖立。眂：古"视"字。蜎：原指虫豸之类的蠕动状态，在此借以形容直立木杆受力摇动后弯曲或发挠的形态。炙：此指"撑"。炙诸墙：是将木杆横置于两墙之间，以摇动或用力压杆的方法，审视材料的弯曲程度以及是否断裂。六建：竖在车上的五种兵器和旌旗。五种兵器即戈、戟、殳、酋矛、夷矛。反覆：是说车行时车子前后忽高忽低，会摇动。

[译文]凡要检验庐人所制长兵器木柄的质量，将其插在地上摇动它，观察它是否容易挠曲（图1-37）。将其顶在两墙之间，检查其弯曲变形是否均匀（图1-38）。横过来摇动它，观察其能经受多大的力。战车上戈、殳、戟、酋矛、夷矛五种兵器具备，再加上旌旗，六种物事齐备，车快速驰行时不倾覆，这样的工匠可以算得上国工。

图1-37　置而摇之

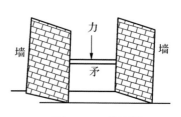

图1-38　炙诸墙

[解说]这里叙述了木柄的三种弯曲试验方法，即"置而摇之"、"炙诸墙"和"横而摇之"三种实验，就可以看出木柄受力变形的状况，变形是否均匀、在其断裂之前能承受多大的"劲"，或者在"多大"力的作用下才断裂。由此可见，在材料力学问题上，古人是极重视"挠"，即材料的弯曲变形的。

第四节　其他典籍中的物理实验

一、《韩非子》中的原始影戏

1. 韩非及其著作《韩非子》

韩非，战国晚期韩国人（今河南新郑，属郑州，新郑是郑韩故城），古汉族。生于周赧王三十五年（公元前 280），卒于秦王政十四年（公元前 233)，为韩国公子（即国君之子），是中国古代著名的哲学家、思想家、政论家和散文家。战国法家思想的集大成者，后世称之"韩子"或"韩非子"。

图 1-39　韩非像

图 1-40　《韩非子》书影

《韩非子》这部书现存 55 篇，约十万言，大部分为韩非自己的作品，重点宣扬了韩非的法、术、势相结合的法治理论。韩非的文章构思精巧，描写大胆，语言幽默，于平实中见奇妙，具有耐人寻味、警策世人的艺术效果。《韩非子》书中记载了大量脍炙人口的寓言故事，最著名的有 "守株待兔"、"滥竽充数"等。这些生动的寓言故事，蕴含着深隽的哲理，凭着它们思想性和艺术性的完美结合，给人们以智慧的启迪。此外，书中也记述一些自然科学方面的知识。

2. 原始影戏

我国影戏的雏形，可以追溯到先秦。早在战国时期，《韩非子·外储说左上》曾记述类似今日幻灯的实验。在这个实验中，其光源是早晨的太阳光，屏幕是暗室内墙壁，幻灯片是绘有精细图画的豆荚内膜。只要将该内膜在早晨置于东墙孔洞中，室内西墙壁即见放大的内膜上图画。《韩非子·外储说左上》记述如下。

[原文] 客有为周君画荚者，三年而成。君观之，与髹荚者同状。周君大怒。画荚者曰："筑十版之墙，凿八尺之牖，而以日始出时加之其上而观。"周君为之，望见其状，尽成龙蛇禽兽车马，万物之状备具。周君大悦。此荚之功非不微难也，然其用与素髹荚同。

[注释] 髹（xiū）：给器物涂漆。版：通"板"。"八尺之牖"中的"尺"：似为"分"之误。牖：窗户。素：未画也。微难：微妙难能。

[译文] 有位为周国的君主画豆荚的人，画了三年才画成。周国君主观看豆荚，和用漆漆过的豆荚形状一样。周国君主非常愤怒。画豆荚的人说："筑一座十板高的墙，在墙上凿一个八尺的窗户，等太阳刚出来的时候将豆荚放在上面观看。"周国的君主这样做了，望见豆荚的形状，都是龙蛇禽兽车马之类，万物的形状都具备了。周国君主非常高兴。这个画过的豆荚上面的功夫并非不微妙难能，但是它的功用却和没有画过、没有漆过的豆荚一样。

图 1-41　原始影戏

[解说] 原始影戏如图 1-41 所示。这里记述的是最原始的幻灯，也可看作我国影戏的雏形。

榆荚、豆荚多有一透明丝网内膜，易于透光，故可在其上作画。起初，周君见该荚膜与漆荚类似，所画不辨黑白，故而大怒。后经画客指点，方知清晨置此荚于窗板孔洞上，在窗户对面的屋内白墙上龙蛇车马历历可见。画荚成了最早的幻灯片。在这个光学演示中，现代的幻灯所需的三个条件：光源（早晨太阳光）、底片（画荚）与屏幕（墙壁），在《韩非子》的记述中——具备，其光学原理也完全相同。

二、《荀子》中的力学实验

1. 荀子及其著作《荀子》

荀子（约公元前313—前238），名况，字卿，战国末期赵国狷氏（今山西临猗）人，著名的带有唯物主义色彩的思想家、文学家、教育家，儒家学派的大师。荀子作为孔子的继承人，对儒家思想有所发展，对重新整理儒家典籍有显著的贡献，对先秦哲学进行了总结。

《荀子》一书是战国时期荀子及其弟子们整理或记录他人言行的哲学著作。《荀子》全书一共32篇，其观点与荀子的一贯主张是一致的。在前27篇中，也有几篇，如《议兵》、《大略》等可能是他的学生整理而成的。

图1-42　荀子画像　　　　　　图1-43　《荀子》书影

2. 力学实验——重心与平衡

欹（qī）器，又称宥（yòu）坐之器，可能是由尖底汲水陶罐演变而来的。此物的罐口小，腹大，底尖，并带有两个耳环，耳环设在壶腹靠下的部位，绳系在耳环上，如图1-44所示。

当欹器空时，器身倾斜；当注入一半水时，由于重心下降到器身下半部位或在支点以下，因此，器身自动正立，这样提水时水不会洒出；当注水满器时，又由于重心上升，器即倾覆。考古发现，西周时期欹器就已出现。

荀况在其著作《荀子·宥坐篇》[1]中有如下记载。在《孔子家书》中也有类似的记载。

图 1-44　尖底汲水罐

［原文］孔子观于鲁桓公之庙，有欹器焉。孔子问于守庙者曰："此为何器？"守庙者曰："此盖为宥坐之器。"孔子曰："吾闻宥坐之器者，虚则欹，中则正，满则覆。"孔子顾谓弟子曰："注水焉！"弟子挹水而注之。中而正，满而覆，虚而欹。孔子喟然而叹曰："吁！恶有满而不覆者哉？"

［注释］鲁桓公：名轨（一作允），鲁惠公之子，鲁隐公之弟，公元前711年—前694年在位。　虚：空着。欹：倾斜。欹器：一种易于倾斜的器皿。挹水：舀水。喟然：感叹。吁：叹气，表示惊疑，感慨。恶有：哪有。哉：表示感叹，疑问或反问。

［译文］孔子在鲁桓公的庙里看到一只倾斜的器皿。孔子问守庙的人："这是什么器皿？"守庙的人说："这大概是君主放在座位右边来警诫自己的器皿。"孔子说："我听说君主座位右边的器皿，空着就会倾斜，灌入一半水就会端正，灌满水就会翻倒。"孔子回头对学生说："向里面灌水吧！"学生舀了水灌到里面。灌了一半就端正了，灌满后就翻倒了，空了就倾斜着。孔子感慨地叹息说："唉！哪有满了不翻倒的道理呢？！"

［解说］有人认为这是演示重心与平衡关系的实验。欹器可以随盛水的

1　张觉：《荀子译注》，上海：上海古籍出版社，2012。

多少而发生倾斜变化。荀子描写为
"中而正、满而覆、虚而欹"。有一
天，孔子在鲁庙中见到这种欹器，立
即让其弟子们作注水实验。然后，他
谆谆告诫弟子：要谦虚，切勿自满。
汉代以后，不断有人制造各种欹器，
这说明中国古人已掌握了重心与平衡
原理。

图1-45 孔子在鲁庙中观欹器

有一幅孔子在鲁庙中观欹器的
明代绘画，把欹器的道理描绘得很
清楚。如图1-45所示，画中有三个
欹器：空者，器身倾斜；中间的一
个注入一半水，由于重心下降到器
身下半部位，或在支点以下，因而
器身自动正立；右边的一个注水满器，由于重心上升，器即倾覆。这就是所
谓"虚则欹，中则正，满则覆"，并被称为"周庙欹器"。 这幅画启迪人
们认识"满招损，谦受益"的普遍道理，告诫人们凡是骄傲自满的人，没有
不跌跤的。

三、《庄子》中的共振实验

1.庄子及其著作《庄子》

庄子（公元前369—前286），姓庄，名周，出生于宋国蒙邑。战国中
期思想家、哲学家、文学家。战国时期道家学派代表人物，庄学的创立者，
与老子并称"老庄"。

庄子的思想包含着朴素辩证法因素。庄子一生著书十余万言，他和他的
弟子著有《庄子》（又称《南华经》），其中名篇有《逍遥游》、《齐物
论》、《养生主》等。《庄子》内容丰富，博大精深，涉及哲学、人生、政

治、社会、艺术、自然、宇宙生成论等诸多方面，在哲学、文学、艺术、科技上都有较高研究价值，对后世具有深远的影响。

图1-46　庄子像

图1-47　《庄子》书影

2.共振实验

当一个物体振动发声时，另一个物体也随之振动，这种现象称为共振。凡是共振的两个物体，它们的固有频率或者相同，或者成简单的整数比，如1/1，1/2，2/3。我国古人发现并记载了大量的共振现象：如弦共振、弦管共振、钟磬共振等。我国最早记载的共振现象是弦振动，《庄子·杂篇·徐无鬼》中有如下记载。

［原文］为之调瑟，废一于堂，废一于室，鼓宫宫动，鼓角角动，音律同矣。夫或改调一弦，于五音无当也，鼓之，二十五弦皆动。

［注释］调瑟：调整琴瑟的音调。废：置。鼓：拨弦。宫：古代的五音之一。角：古代的五音之一。无当：不和谐。

［译文］于是就调整琴瑟的音调，放一只瑟（图1-48）在堂中，放一只瑟在室内，拨动一只瑟的宫音，另一只瑟就应之以宫音；拨动一只瑟的角音，另一只瑟就应之以角音；两只瑟所发出的音调完全相同。如果改变一根弦的音调，就使两只瑟的五音不和谐；在此时拨动起来，那

图1-48　古瑟

二十五根弦都会跟着振动。

[解说]《庄子》的这段文字肯定是调瑟实验的忠实记录，不仅记载了"鼓宫宫动，鼓角角动"的基音的共振，而且描述了基音和泛音的共振：当调某一弦不属五音时，二十五根弦都振动起来。原因是这条弦虽然弹不出一个准确的乐音，但它的许许多多的泛音中总有那么几个音和瑟的二十五弦的音相当或成简单比例，这就是它会与瑟的二十五弦都共振的道理。

在当时，这一发现在声学史上是了不起的成就。

四、《关尹子》中的大气压实验

1. 关喜与《关尹子》

关尹子，道教楼观派祖师，名喜，字公度，后人尊称为关尹子，曾任周朝大夫，转任关令将军，与老子同时。尹喜著书九篇，号曰《关尹子》。《汉书·艺文志》著录《关尹子》九篇，旧题周尹喜撰。

图1-49 关喜像

《关尹子》又名《文始经》、《关令子》，全名《文始真经》。该书文辞沉博绝丽，意境深远隽永，既高深，又广博，被历代文人所推崇。书的内容从做事读书到待人接物，从日常生活到思想修养，从事理到道理，极大地体现了"道"的内涵。

图1-50 《关尹子》书影

应该说明：国内对《关尹子》的作者和出书年代颇有争议，有人认为此书非尹喜所著，而且今存的《关尹子》至少出于唐代或以后，也有人认为该书出于南北朝。我们不想纠缠在争论之中，暂将书中的这个实验放在这里介绍。

2.《关尹子》中的大气压实验

《关尹子》对大气压现象有非常准确的描述，在《九药》中说：

[原文] 瓶存二窍，以水实之，倒泻闭一，则水不下，盖（气）不升则（水）不降。井虽千仞，汲之水上，盖（气）不降则（水）不升。

[注释] 窍：孔窍，洞孔。盖：因为，由于。

[今译] 瓶子有两个孔，当用水来灌满时，若闭塞一个孔口而倒转，这水则不下，因为气不升水不降。水井虽有千尺之深，把水汲上来，是因为气不下降则水不上升。关尹子是"气本论"者，他是从"气"的升降作用来说明这种现象的。

[解说] 这个实验，证明大气压强的存在。其原理是：上下两端开口的瓶子，下口上面压强为一个大气压加水压，下口下面压强是一个大气压，这种情况下水会从下口流光。但将瓶的上口封住时，覆杯，水向下滴落一点点后，瓶内气体体积增大，压强减小，当瓶内气压减小量与瓶中水柱产生的压强相等时水就不会流出来了。

在中学里，物理老师常用这个实验演示大气压的存在，即所谓"覆杯实验"，如图 1-51 所示。

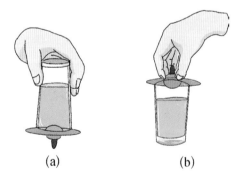

(a) (b)

（a）覆杯：水不会流出来。（b）可以吊起来

图 1-51 覆杯实验

第二章

秦汉时期

第一节 历史与科学技术概述

秦始皇统一六国后，中央集权制代替了封建诸侯的割据。书同文、车同轨、统一度量衡等措施，有利于社会生产力和科学技术的发展。但秦始皇的暴政使其统治仅存十余年时间（公元前 221—前 206）。在他死后不久，爆发了中国封建社会的第一次农民大起义，秦朝被推翻。

秦朝灭亡后，起义军中的项羽和刘邦两大势力，为了争夺天下，进行了长达四年之久的楚汉战争。最后，刘邦击败了项羽，正式建立汉朝，定都长安，史称西汉或前汉。

汉承秦制，汉武帝时期是西汉（公元前 206—公元 25）的鼎盛时期，生产力空前提高。由于各族人民的辛勤劳动，社会经济和科学技术得到了较快的发展，中国的经济和科学技术居世界之先。在这一时期，古代科学技术继春秋战国之后又有了较大的发展。

西汉末，王莽秉政，号称新朝（9—23）。王莽的改制不合时宜，导致大规模农民起义。公元 25 年夏，汉光武帝刘秀恢复汉朝统治，定都洛阳，史称后汉或东汉（25—220）。刘秀加强中央集权，调整经济政策，发展生产，与民休养，对国力的恢复起了积极作用，推动了东汉经济的发展。东汉的科学技术也有很大进步，比如钢铁冶铸技术的进步，造纸术的改进，水车的出现，铁制农具的推广，等等。由于商业的繁荣、丝绸之路的畅通，社会生产和科学技术又有了新的发展，涌现出了以张衡为代表的一大批科学家，科学技术水平超过了西汉时期。

东汉到汉桓帝、汉灵帝时期，政治腐朽，再加上自然灾害，民不聊生，导致黄巾起义爆发，给垂死的王朝以致命的一击。接着发生董卓之乱，汉献帝成为名副其实的傀儡，东汉名存实亡。

东汉王朝覆灭，继起三国（魏、蜀、吴，220—280）分立，三国鼎立的政治分裂局面维持了六七十年，但科学技术仍在汉代基础上继续发展。

秦汉时期是我国古代科学技术发展史上的一个重要时期。国家的统一，汉初的"休养生息"和解除思想禁锢等政策，都为生产的发展和科学技术的提高创造了条件。一些古代典籍名著的产生，则表明我国古代科学技术形成了自己独特的体系。

这一时期约 500 年，是我国古代物理学的发展时期。中华大地涌现出许多优秀的科学家，还有许多历史典籍，如刘安的《淮南万毕术》、《淮南子》，王充的《论衡》，王符的《潜夫论》等，零散地记载了一些物理实验的经验观察或思辨性理论，涉及了热、力、声、光等方面，内容相当广泛。

公元前二世纪的《淮南万毕术》中有关于透镜聚焦现象的最早记载，还记有人造磁体及磁体同性相斥现象，以及原始潜望镜。西汉末年，已有关于摩擦生电和尖端放电现象的记载。东汉的王充在《论衡·是应》中已有司南勺的记载。东汉的王符在《潜夫论》中指出人眼能看物是由于物体受到光的照射。东汉时人们已开始应用虹吸管引水。可见这个时期的物理学有相当的成就。

第二节 《淮南万毕术》和《淮南子》中的物理实验

一、《淮南万毕术》和《淮南子》

1.《淮南万毕术》和《淮南子》简介

公元前二世纪成书的《淮南万毕术》，是我国古代有关物理、化学的重要科学文献。

《淮南万毕术》的作者是西汉淮南王刘安 (公元前 179—前 122) 及其宾客们。刘安曾组织他的门客从事撰述，写了许多书，流传到今天的只有《淮南子》21 卷，又称《淮南鸿烈》，另外，还有 一本《淮南万毕术》的辑本。《淮南子》是哲学书，在论述哲学问题时，大量引用自然知识，是较多反映西汉时代自然科学成就的著作，特别是关于宇宙形成、乐律、地理、生物进化以及化学等方面有很多重要的记载，物理方面则有力学、光学、磁学、声学、热学等学科的一些资料。《淮南万毕术》则偏于实践，讲述变化之道，里面记载了六七个物理实验设计，是十分宝贵的资料。

《淮南万毕术》已经失传，存在的只有失传前它被别的书所引用的部分内容。有散失就有辑佚，现存只有辑本。唐代马总撰有《意林》一书，内有《淮南万毕术》一卷，这大概是现在所能见到的最早的版本了。到了清代，出现了由孙冯翼、王仁俊、叶德辉等人整理的各种辑本的《淮南万毕术》。经过这些人的梳理，《淮南万毕术》散布在其他书籍中的一些只言片语，大致被搜罗得差不多了。即使如此，现在的辑本也不过百余条，几千字，与原来十万言的篇幅，相去甚远。

2. 刘安生平

刘安 (公元前 179 — 前 122)，西汉时的思想家、文学家，汉高祖刘邦

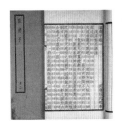

图 2-1 《淮南子》书影

图 2-2 《淮南万毕术》书影　　　图 2-3 耸立在淮南广场的刘安塑像

之孙。其父刘长是刘邦的少子，曾被封为淮南厉王，汉文帝时以谋反得罪，在流徙途中绝食而死。后来，因文帝不愿背上骨肉相残的罪名，于是把厉王刘长的封地一分为三，分别封给刘长的三个儿子。刘安是刘长的长子，被封为淮南王，封地在今安徽淮河南岸的寿县、淮南市一带。刘安好读书鼓琴，善为文辞，才思敏捷，曾招宾客方士集体编写《淮南子》和《淮南万毕术》。这两本书最早记载了用冰作透镜、利用平面镜反射作潜望镜、人造磁铁以及磁体同性相斥等知识。

二、 《淮南万毕术》中的物理实验

1. 冰透镜取火实验

[原文] 削冰令圆，举以向日，以艾承其影，则火生。

[注释] 艾：艾蒿，艾绒。承：接着。影：太阳的影像，此处指凸透镜

的焦点。

[译文]将冰削磨成凸透镜，举向太阳，光线折射后，会聚成太阳的影像，把艾绒放在那里，就能起火燃着(图2-4，2-5)。

△图2-5　野外生存，冰透镜引火

◁图2-4　冰透镜取火

[解说]冰透镜是指用冰做成的凸透镜，可以用来取火。关于冰透镜，早在我国西汉《淮南万毕术》中就有记载。其后，晋朝张华的《博物志》中也有类似记载。

冰遇阳光会熔化，冰透镜对着太阳居然能聚光使艾绒着火，令人怀疑。清代科学家郑复光根据《淮南万毕术》的记载，亲自动手做过一些实验，完全证实冰透镜可以取火。他在《镜镜詅痴》中写道：将一只底部微凹的锡壶，内装沸水，用壶在冰面上旋转，可制成光滑的冰透镜，利用它聚集日光，可使纸点燃。

2. 悬镜照邻——潜望镜实验

[原文]取大镜高悬，置水盆于其下，则见四邻矣。

[译文]把大镜悬挂在高处，放置水盆在镜下，就能照见四周的邻居。

[解说]如图2-6所示，将大镜悬挂在高处，墙外景物成像于上面的平面

镜中。这个像又经过水面反射到人的眼里，于是就能在墙内看到墙外的景物了。

众所周知，静止的水面是光良好的反射面，人们早已注意到平静湖面的倒影。在《淮南子》中便有"水鉴"的记载，用静止的盘水来照影，即后来所谓的"水镜"。

在上述的悬镜照邻实验中，大镜和水盆构成了原始的潜望镜。

刘安之后约700年，北周庾信（513—581）曾将"悬镜照邻"入诗。他在《咏镜诗》中写道："月生无有桂，花开不逐春。试挂淮南竹，堪能见四邻。"这首诗的意思是：铜镜明净圆满如同月亮，却没有桂树；花朵在其镜像中虽欲开放，但不为春天而开。倘使支起一根竹竿，将镜挂于竿的高端，你就能足不出户而看清墙外邻居的动静。

图2-6　汉代开管式潜望镜

3.《淮南万毕术》中的声学实验——"铜瓮雷鸣"

［原文］《淮南万毕术》："铜瓮雷鸣。"注曰："取沸汤置瓮中，坚塞之，内于井中，则作雷鸣，闻数十里。"

［注释］铜瓮：小口大腹的铜器。沸汤：滚开的水。坚塞：密封。

［译文］把开水倒进铜瓮里，将铜瓮密封后丢入井中，声似雷鸣，数十里也能听到。

［解说］这个实验这样做容易成功：将少量沸水灌入薄壳铜瓮中，然后迅速封住瓮口并立即将瓮投入井水中，如图2-7所示，这时就会发出一声如雷鸣般的巨响。铜瓮怎么会"雷鸣"呢？因为铜瓮中的沸水由于迅速冷却而造成局部真空，在大气压力和井水压力下将铜瓮

图2-7　铜瓮与水井

压破，由此发出雷鸣声响，传播甚远。这个实验比马德堡半球实验早了将近两千年。

4.《淮南万毕术》中的磁学实验——"磁石提棋"

[原文]《淮南万毕术》："慈石提棋。"其注云："取鸡血磨针铁，以相和慈石，置棋头局上，自相投也。"《淮南万毕术》："慈石拒棋。"又注曰："取鸡血，作针磨铁，捣之以和慈石，用涂棋头，曝干之，置局上，即相拒不休。"

[注释]慈石：磁石。磨针铁：磨铁针时磨下的铁粉。局：棋盘。杂：混合在一起；掺杂。捣：捶打。相：互相。曝干：在阳光下晒干。

[译文]"其注云"指磁体相吸，即"磁石提棋"，"又注曰"指磁体相斥，即"磁石拒棋"。此实验的做法是将鸡血与磨铁针时所得的铁粉混合，拌入磁石粉末，涂在棋子两端，晒干后摆在棋盘上，会出现棋子相互吸引或相互排斥现象。

[解说]这个实验容易从理论上解释。每颗磁石粉末均具有极性，掺入铁粉能大大增强磁性，将磁粉与铁粉粘在棋子上，在晒干过程中，每个棋子会显极性，这种棋子已成为人造磁体，同极性相斥，异性相吸。鸡血的作用：在混合时鸡血起润滑作用，混合后鸡血是铁粉和磁粉的凝固剂和胶合剂。粉末在鸡血中彼此的取向会趋于一致，而使磁性加强，直到鸡血凝固为止（图2-8）。利用上述实验现象，汉代开展了一种"斗棋"的娱乐活动。

图2-8　磁性二合一游戏棋

5. "鸡子举飞"实验

[原文]《淮南万毕术》："艾火令鸡子飞。"《太平御览·方术部》引高诱注云："取鸡子去其汁，然艾火，纳空卵中，疾风因举之，飞。"

[注释]艾：艾蒿，又称艾草，一种菊科的多年生草本植物，叶制成艾绒，可燃。令：使，使得。鸡子：鸡蛋。然：同"燃"。纳：同"内"，

放入。

[译文] 高诱注的意思是：将鸡蛋一端开一个孔，倒出蛋黄与蛋白，然后点燃艾绒，使蛋壳里的气体受热膨胀向外排出，蛋壳"飞"了起来。

[解说] 西汉时期被誉为"世界热气球思想肇始"的"艾火令鸡子飞"，是一个很有趣的实验。对实验原理，多持"反冲说"：将蛋壳一端开小孔，点燃艾绒放入蛋壳中，如图2-9所示， 壳内温度急剧上升，强烈气流从孔中喷出，蛋壳在壳外气流反作用力的作用下，飞向空中。然而，按高诱注释进行实验，千百年来没有成功的记录，故人们对"艾火令鸡子飞"实验的真实性产生了怀疑。

图2-9 鸡子举飞

长期以来，人们对"艾火令鸡子飞"等有关记载各持己见，存有争议。不过，宋朝苏轼在《物类相感志》中介绍了一种实验方法："鸡子开小窍，去黄白了，入露水，又以油纸糊了，日中晒之，可以自升起，离地三四尺。"所谓"入露水"，即滴入少许水。按"反冲说"， 只要实验的条件控制得当，实验不是没有成功的可能。苏轼将蛋壳开口用纸封闭，只有当壳内气体膨胀，作用在壳内壁的压力相当大时，油纸才被挤破，此时，气流从开口喷出，气流的反作用力推动蛋壳起飞。这是应用反冲原理，实验方法与结果是可信的。"艾火令鸡子飞"的记载表明：汉代人们已知热气球可以升空。

三、《淮南子》中的光学实验

1. 阳燧取火

[原文]《淮南子·天文训》：阳燧见日，则燃而为火。

《淮南子·说林训》：若以燧取火，疏之则弗得，数之则弗中，正在疏数之间。

[注释]阳燧：凹面镜，可以对日反射光，聚焦取火（图2-10）。"疏"和"数"分别表示"远"和"近"。

[译文]阳燧见到太阳就燃烧而生出了火。用凹面镜对日聚焦取火，火媒离镜面不能太远，也不能太近，而应当放在适当的位置。

[解说]用凹面镜对日聚焦取火，易燃物应当放在适当的位置，即在焦点上，才能被点燃。这表明当时人们在经验中已经隐约有了"焦距"概念，

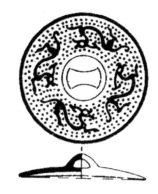

图2-10 阳燧及其剖面图

这是光学史上的重要进展。作者以此条说明物类彼此感应，本末是相互呼应的。

2.柱面镜成像

[原文]《淮南子·齐俗训》：窥面于盘水则圆，于杯则隋。面形不变，其故有所圆有所隋者，所自窥之异也。

[注释]窥：观看。面：脸。盘水：盘中之水，指静止的水。杯：古代盛羹及注酒器，椭圆形，两边有耳，也称"耳杯"（图2-11）。隋：通"椭"，即椭圆形。

[译文]从盘子里的水中照看，脸是圆的；从杯子表面照看，脸是椭圆形的。脸还是老样子，有时照成圆形，有时照成椭圆形，这是由于映照的容器不同。

图2-11 东周耳杯

[解说]这是关于柱面镜成像的最早记载，柱面镜有两种类型：纵柱面镜与横柱面镜。纵柱面镜的成像，像脸面拉长了，如图2-12所示；横柱面镜的像却在纵方向上缩短、在横方向上加大了，如图2-13所示。柱面镜这类镜形，如同现代所见的"哈哈镜"。

图 2-12　纵柱面镜成像　　　　图 2-13　横柱面镜成像

　　光滑的青铜杯，可以照见人影，杯的外表面正是一种纵柱面镜。圆脸在静止的水面成像为圆形，而在柱面镜中成像则变形。本条目可看作柱面镜成像的实验记录。

　　北朝刘昼在《刘子》中也描写了柱面镜成像，他写道："镜形如杯，以照西施。镜纵则面长，镜横则面广。非西施貌易，所照变也。"

　　刘昼的叙述，更清楚地指出"镜形如杯"的柱面镜成像特点："镜纵则面长，镜横则面广"。即使美丽的"西施"在这样的镜前一照，在镜中看上去也变丑了。

　　3. 水鉴

　　[原文]《水鉴·俶真训》：人莫鉴于流沫而鉴于止水者，以其舒也。

　　[注释]　鉴：镜子，引申为照看。流沫：指流动泛起泡沫的水。止水：静止的水。舒：平静。

　　[译文]人们谁也不用流动的浑水照镜子，而用静止的清水照镜子，这是因为水平静。

　　[原文]《淮南子·说林训》：水静则平，平则清，清则见物之形，弗能匿也，故可以为正。

　　[注释]清：清澈。形：形貌。弗能：不能。匿：隐匿。正：端正。

　　[译文]水静止就平正，平正就清澈，清澈就能映出物体的形貌，物体

不能在它面前隐匿，所以可以用来端正形象。

[解说] 这些记载均证明古代有人以水照影。人们清楚，只有静止的水面才能当镜使用。

最原始的"镜"，就是池塘湖泊的平静水面，人们面水寻影。陶器出现之后，就有了"水监"。只要在陶盆里盛水，就成为一面相当好的水镜。古代"监"字造型，就是一个人对盆水寻影，它是最早的"镜"字。后来使用铜镜之后，才逐渐演变成带金字旁的"鑑"或"鉴"字。往后，战国后期才出现了"镜"字。宋朝《观时集》一书中记载了"水监"的使用："贫家女无以为镜，每以瓦盆之水而镜之"，如图 2-14 所示。当时人们就知道，只有静止的水面才能当镜使用。

图 2-14　瓦盆之水为镜

第三节 《论衡》中的物理实验

一、《论衡》及其作者王充

1.《论衡》简介

《论衡》是王充的一部重要著作，实存 84 篇，王充用了三十年心血将其著作而成。《论衡》大约作成于汉章帝元和三年（86）。"衡"字本义是天平，《论衡》就是评定当时言论价值的天平，也就是说他所论述的是铨衡真伪的道理。

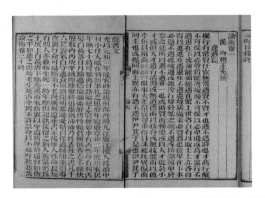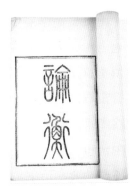

图 2-15 《论衡》书影

《论衡》是王充的代表作品，是中国历史上一部不朽的无神论著作。《论衡》不但是我国古代思想史上一部划时代的杰作，也是我国古代科学史上极其重要的典籍。由《论衡》可以看到王充在科学技术一系列问题上提出的精辟见解。正是由于王充勤奋学习，努力掌握当代的科学知识，从而获得同正统思想作斗争的勇气和力量。王充在同各种迷信思想的斗争中，应用的科学武器涉及天文、物理（力、声、热、电、磁、光学等知识）、生物、医学、冶金等领域，这反映了王充渊博的科学技术知识，更反映了当时科学技术的发展水平。

王充涉足自然科学的广阔领域，使得《论衡》一书涉及大量自然科学问题，奠定了此书在中国科学史上的地位，王充本人也作为科学家而名载史册。

2. 王充生平

王充 (27—97)，字仲任，东汉著名思想家。著有《论衡》一书。家住东汉会稽郡上虞县（今浙江绍兴上虞），祖籍魏郡元城（今河北大名）。王充出身于"细族孤门"，即年少时就成了孤儿。他自幼聪明好学，胸怀远志，颇得邻里好评，后来到京城，去太学（中央最高学府）里学习，拜扶风（地名）人大学者班彪为师。王充喜欢博览群书，但是不死记章句。

图 2-16　王充像

因家里穷没有书，经常去逛洛阳集市上的书店，阅读那里所卖的书，看一遍就能够背诵，精通百家之言。

约在元和三年（86）至章和二年（88）期间，王充被扬州刺史董勤征聘，历任郡功曹、治中等官。他疾恨俗恶的社会风气，常常因为和权贵发生矛盾而自动去职，以至于终身"仕路隔绝"不得通显。

王充是东汉时期杰出的思想家，与"天人感应"的神学目的论和谶纬迷信进行了针锋相对的斗争。在斗争中，王充建立了一个反正统的思想体系，无论在当时还是后世都产生了深远的影响。

王充著《论衡》二十多万字，解释万物的异同，纠正了当时人们疑惑的地方，并对当时社会的许多学术问题，特别是社会的颓风陋俗进行了针砭，许多观点石破天惊。

王充一生的主要著作除了《论衡》，还有《讥俗节义》、《政务》和《养性》。但流传至今的仅有《论衡》一书。王充的著作，读起来说服力很强，原因就在于他很注意逻辑的严密。另外是注重证验，这一点王充曾多次强调，他说："凡论事者，不引效验，则虽甘义繁说，众不见信"。(《论衡·知实》)重视逻辑和证验，这是有利于科学发展的思想方法。

当然，王充不是超人，他的思想方法中也有片面性，他的科学见解也有落后于时代之处。例如他反对"日食，月掩日光"这样的正确见解。但是，瑕不掩瑜，王充在自然科学方面的成就，在探索自然奥秘时形成的科学思想方法，是主要的。他在中国哲学史和科学史上占有崇高地位，是没有异议的。

王充辞官返回故里后，以教授学生为生。他无意于仕途，借口体弱多病推辞了皇帝任命。永元年间，王充因病去世。王充死后，葬于上虞县西南的乌石山上。

二、《论衡》中的物理实验

1. 阳燧取火

《论衡·率性篇》有关于阳燧取火的记载：

[原文] 阳遂取火于天，五月丙午日中之时，消炼五石，铸以为器，磨砺生光，仰以向日，则火来至。此真取火之道也。今妄以刀剑之钩月，摩拭朗白，仰以向日，亦得火焉。夫钩月，非阳遂也，所以耐取火者，摩拭之所致也。

图 2-17 虢国博物馆藏阳燧

[注释] 阳遂：即阳燧，是利用阳光取火的凹面铜镜。五月：夏历五月，古人认为是一年中阳气最盛的时节。丙午：古人用天干（甲、乙……壬、癸）与地支（子、丑……戌、亥）相配记日。现在记日说，五月某日；古人记日则说，五月丙午日。按阴阳五行说，丙和午都属火，所以认为"五月丙午"这

天是一年中阳气火气最旺盛的日子。消炼：熔化。消炼五石：据《抱朴子·登涉》记载，古时炼铜铸器要加入五石。今妄以刀剑之钩月：《论衡·乱龙篇》作"今妄取刀剑偃月之钩"，可从。偃月：半月形。钩月：即偃月钩。耐：通"能"。

[译文] 阳燧是从天上取火，五月丙午这天中午的时候，熔炼五石用它铸成铜镜，反复摩擦使其发亮，然后仰着镜面朝向太阳，火就引来了，这是自然取火的方法。现在随便用半月形的刀剑钩，把它打磨擦拭得明晃晃的，朝上向着太阳，也能得到火。半月形的刀剑钩不是阳燧，它能用来取火，是磨砺擦拭所致。

[解说] 阳燧取火就是球面镜对日聚焦取火，在周代已见应用，具体的文字记载大约在先秦也已有了。秦汉以来曾用阴阳感应学说加以说明，西汉时期已注意到聚焦的位置。到了东汉，对于取火过程的反射本质，有某些感性的认识，当时凹面镜的聚焦性能已十分良好。王充所处的时代，在阳燧取火方面的知识又有了新的发展。原来，古代把阳燧取火看得很重。"阳燧"不但是一种专用的器械，而且因为可取得火，被认为具有特殊的功用。王充破除了这种神秘感，认识到"刀剑之钩月"一类呈凹球面形的金属反射面，只要"摩拭朗白"，就对光有良好的反射性能，也可以对日取火。

2. 珠玉熔炼

《论衡·率性篇》中有关于人工珠玉熔炼的记载，原文如下：

[原文] 道人消烁五石，作五色之玉，比之真玉，光不殊别。然而随侯以药作珠，精耀如真，道士之教至，知巧之意加也。

[注释] 消烁：熔化。五石：据《抱朴子》记载，指丹砂、雄黄、白矾、曾青和磁石。随侯：指周代汉水东岸姬姓随国的一个君主。教：法术。意：意义，含义。加：超过。

[译文] 道人熔炼五石，作为五色的美玉，与天然的宝玉相比，光泽没有什么差别。至于随侯用药制作玉珠，光亮得像天然的一样，这是道士的法术所致，是人施加智慧和技巧的结果。

[解说] 很多人认为这是中国冶炼玻璃的最早文献记载，虽然此说未必如

此，但至少我们可以说它是中国最早有关人工冶炼珠玉的清晰记载，所以更显珍贵。

3. 司南指南

《论衡·率性篇》中有司南指南的记载：

[原文] 司南之杓，投之于地，其柢指南。

[注释] 司南之杓：司南的形状如勺。投：投放，投掷。地：古代用以式占（占卜）的地盘。式占盘由天盘和地盘组成。天盘在上，圆形，以象天；地盘在下，方形，以法地。天盘置于地盘上。地盘以铜或漆木制成，表面极为平整光滑。投之于地：司南投放于光滑地盘上，便于转动，静止时"其柢指南"。柢：勺柄。

[译文] 司南为勺形，将它投放于占卜的地盘上，其勺柄指向南方。

[解说] 图 2-18 为司南及地盘示意图。从王充的记载看，司南起源于汉代，它是用天然磁石加工而成的，其形状类似瓢勺，是磁铁作为指向器的应用，是我国古代的四大发明之一。唐宋之际司南向指南针过渡，指南针、指南鱼、指南龟几乎同时问世，地磁偏角、地磁倾角也相继被发现和利用。

图 2-18　司南及地盘示意图

第四节 《潜夫论》中的光学知识

一、 王符及其《潜夫论》

王符（85？—163？），东汉政论家、文学家，字节信，自号潜夫，安定临泾（今甘肃镇原）人。据《后汉书》本传，王符是一个有理想、有情操、有政见、有抱负的人，但由于出身细族孤门，在豪门大族垄断仕途的历史条件下不得仕进。王符一直生活于民间，并自认为是隐居下位的"潜夫"，故将其著作定名为《潜夫论》。

图 2-19 王符像

图 2-20 王符塑像

《潜夫论》今存本 35 篇，《叙录》1 篇，共 36 篇，论及哲学、历史、政治、经济、军事、法律、伦理道德、教育及社会风俗等方面问题，内容相当丰富，思想颇为深刻，是一份珍贵的文化遗产。

图 2-21 《潜夫论》书影

二、《潜夫论》中的光学知识

在光学方面，该书中已提到人的眼睛能看见物体是由于物体受到光的照射。《潜夫论·释难》篇中首次记述了有关光的叠加现象。原文如下：

[原文] 夫尧舜之德，譬犹偶烛之施明于幽室也，前烛即尽照之矣，后烛入而益明。此非前烛昧而后烛彰也，乃二者相因而成大光，二圣相得而致太平之功也。

[注释] 昧：昏暗。彰：明显，明亮。相因：前后互相接续，指前后相加。

[译文] 再说唐尧、虞舜的德政，犹如一对蜡烛在暗室中照明（图 2-22），前一支蜡烛已照遍室内，后一支蜡烛进来了就更加明亮。这不是前烛昏暗而后烛很亮，而是两支蜡烛相加才形成强大的亮光。尧、舜两位圣君相互配合才取得天下太平的功业。

图 2-22 一对蜡烛

[解说] 《潜夫论》讲了古代人对于采光与亮度的一些经验知识。王符的论述表明两个光源的照度叠加现象已为汉代人所知。所有这些认识虽然都是感性的，但可以反映出这个时期的人们对于光源的发光强度与受光面的照度等问题开始有所注意，并进行了初步的研究。

第五节　其他典籍中的物理实验

一、《汉书》中的滑翔飞行实验

[原文]《汉书·王莽传》：取大鸟翮为两翼，头与身皆著毛，通引环钮，飞数百步堕。

[注释] 翮（hé）：羽毛。通引环钮：两翼和毛皆用环钮绑在身上。环钮：连环扣结。堕（duò）：掉下，坠落。

[译文] 用大鸟羽拼合成两只大翅膀，用牵引线把它们固定在人身两侧，人从头到脚装上羽毛，然后拉着牵引线迅速奔跑，人就会像鸟儿一样飞向空中，飞行数百步掉下。

[解说] 关于这条史料，王莽的目的非常明确，就是要制造出模拟鸟的飞行器，这种试验是新莽天凤六年（19）进行的，王莽为攻打匈奴而做。

从原理上讲，鸟在飞行时，翅膀的上面往往向上凸起，下面平直或略微凹进。如果直接将大鸟翅膀作飞翼，或将若干鸟的羽茎拼织成鸟翼形状，当人拉着"翅膀"迅跑时，空气就相对"翅膀"向后移动。

图 2-23　滑翔飞行实验示意图

因"翅膀"上凸下平，"翅膀"上面空气流速快，压强小，"翅膀"下面空气流速慢，压强大，使"翅膀"上下产生压强差，从而产生升力，这个升力可把物体托向空中。

二、王莽时期的测量仪器

新莽铜卡尺[1]是新莽时期制造的铜质卡尺（图 2-24）。目前所见新莽铜卡尺共 3 件。两件分别藏于中国历史博物馆和北京艺术博物馆。另一件于 1993 年在江苏邗江东汉墓出土，扬州市博物馆藏。上面都刻有"始建国元年正月癸酉朔日制"，始建国元年即公元 9 年，距今 2000 多年。

图 2-24　王莽时期的卡尺

关于新莽铜卡尺的最早著录，见于清末吴大澂《权衡度量实验考》。书中称："是尺年月一行十二字，及正面所刻分寸，皆镂银成文，制作甚工，近年山左出土，器藏潍县故家。旁刻比目鱼，不知何所取义。正面上下共六寸，中四寸有分刻，旁附一尺作丁字形，可上可下，计五寸，无分刻，上有一环可系绳者，背面有篆文年月一行，不刻分寸。"

二十余年前，我国山东省境内出土了一把铜制刻线卡尺，其构造与现代游标卡尺十分相似。它主要由固定尺、活动尺两大部分组成，并附以固定长爪、活动长爪、鱼形柄、导销、导槽、结合套等配置，手持即可测量加工器物的长度。

江苏邗江东汉早期墓葬中出土的铜卡尺，表面锈蚀，是否有刻文，已无法辨识，但汉代曾有过这类带有卡爪的专用测长工具——卡尺，就无需争辩了。

1　参见刘东瑞：《世界上最早的游标量具——新莽铜卡尺》，《中国国家博物馆馆刊》，1979 年第 1 期，第 94—98 页；丘光明：《新莽铜卡尺》，《中国质量技术监督》，2001 年第 9 期。

三、《西京杂记》中的共振实验

汉代《西京杂记》中有一个奇特的物理实验，用玉石雕刻的鱼的鸣吼来预测天气，所谓"刻鱼测雨"。

[原文] 昆明池刻玉石为鱼，每至雷雨常鸣吼，鬐尾皆动，汉世祭之祈雨，往往有验。

[注释] 昆明池：昆明池是湖沼名，位于西安城西。鬐：通"鳍"。鸣吼：吼叫。

[译文] 在昆明池有用玉石雕刻的鱼，这种鱼可能是椭圆形、中空的，具有鳍尾，像真鱼一样。每逢雷雨时常常吼叫，鳍尾都振动。汉代祭鱼求雨，往往有效。

[解说] "刻鱼测雨"实验的原理是：风暴时，强风掠过湖面或海面会产生次声波，次声波和风暴怒吼的声波一起向四面八方传播，声波很容易被空气和水面衰减，唯有频率很低的次声波在传播过程中能量损失慢，传播距离远，加之次声波比风浪速度快许多倍，它能成为暴风雨来临的警报。但次声人耳无法分辨，如果能制造将次声变为可闻声的装置，则这种装置就成为一种风暴报警器，石鱼就是这样一种装置，它张口，腹空，当次声波不断对它施以周期性外力时，石鱼受迫振动。若次声波的策动力频率与石鱼的固有频率成倍数关系，石鱼产生非线性共振，鳍尾都振动，发出声波。其中的高频部分为人可闻的声音，此时，石鱼则会大声"鸣吼"。在中国古代，利用共振效应预测天气、地震、兵乱的例子不胜枚举。

图2-25为石雕的鲸鱼。据《三

图2-25 石雕的鱼

辅黄图·池沼》记载："池（昆明池）中有豫章台及石鲸。刻石为鲸鱼，长三丈，每至雷雨，常鸣吼，鬐尾皆动。"

四、烧石易凿法

秦汉时期，人们已能在工程施工时利用热胀冷缩效应。在汉代文献中提到这种方法的地方不止一处。后来的水利工程和采矿工程曾广泛采用此法，并将其称作"烧石易凿法"或"烧爆法"。据载东汉时，成都太守虞诩也曾将类似的办法用于汉水西部的整修工程。《后汉书·虞诩传》记载如下。

［原文］诩乃使人烧石，以水灌之，石皆坼裂，因镌去石。

［注释］诩：虞诩（？—137），字升卿，陈国武平县（今河南鹿邑武平）人。东汉时期名臣，为官清正廉明，刚正不阿。任武都太守，治理武都政绩卓然，深受爱戴。坼（chè）裂：裂开，分裂，撕裂。镌（juān）：雕刻，凿。

［译文］虞诩令人以堆柴烧巨石，使巨石炽热，然后用水浇。一热一冷，石裂而易凿。

［解说］热胀冷缩现象很早就被中国古人注意到了，在春秋战国时期，秦国的李冰父子主持建造著名的都江堰工程时，为了快速开凿山石，李冰想到了应用热胀冷缩现象，也就是在岩石上堆放柴草，引燃烧石，而后用水浇石，于是岩石裂开缝，使锤击凿裂成为可能，这称作"烧石易凿法"，如图2-26所示。 东汉武都太守虞诩在开通粮道时，也使用此法，"于是水运通利"。这可看作工程实践中的巧妙发明，或许是一项热技术应用的实验。对于石质坚硬的石头，用火烧水浇的道理是什么？是利用热胀冷缩现象，烧热的石头突遇冷水，收缩不匀而爆裂。

（a）火烧

（b）水浇

（c）石裂

图 2-26　烧石易凿法

五、以舟量物

以舟量物讲的是一个脍炙人口的益智故事——曹冲称象，这可视为一个大型的物理实验。这个故事在古代典籍中多有记述，陈寿撰《三国志·邓哀王冲传》有如下记载。

[原文] 邓哀王冲，字仓舒。少聪察岐嶷，生五六岁，智意所及，有若成人之智。时孙权曾致巨象，太祖欲知其斤重，访之群下，咸莫能出其理。冲曰："置象大船之上，而刻其水痕所至，称物以载之，则校可知矣。"太祖大悦，即施行焉。

[注释] 邓哀王冲，即曹冲（196—208），字仓舒，曹操子，幼聪慧，可惜只活到十三岁，追谥邓哀王。岐嶷（yí）：峻茂的样子，形容儿童才智突出。孙权：字仲谋，吴郡富春（今浙江富阳）人。兄孙策死，承其业，据有江东，成为吴国开国之君。太祖：即曹操，字孟德，三国时政治家、军事家，迎立汉献帝建都许昌，统一中国北部，封魏王。其子曹丕称帝后，追尊其为太祖。群下：众多下属。咸：都。校：称量。

[译文] 曹冲，字仓舒，小时候聪明过人，五六岁时，智慧悟性就如同成年人。当时孙权送来一只大象，曹操想知道大象的重量，询问许多下属官员，都想不出称量的办法。曹冲说："把大象放在大船上，在水沉没到的地方刻个记号，然后把大象赶下来，再装上别的东西，到大船所刻处，再称这些东

西，就可以知道大象的重量了。"曹操听了很高兴，就按曹冲所说的办法去称象。

[解说]曹冲称象的办法，是运用水的浮力原理，解决了当时的一个难题，出自一个五六岁小儿之口，尤其难能可贵，足见曹冲的智慧，所以这个故事传诵至今。在上述引文中，"称物以载之，则校可知矣"，意思是先牵象至舟中，刻下舟的排水线；然后称物至舟中，直至该物使舟也沉没至同一排水线上，此时物重即象重。故有人将此方法称为"以舟量物"（图2-27）。从物理学的角度来看，这种方法属于物理测量中的替代法，在物理实验中广为应用。

图2-27　曹冲称象图[1]

1　戴念祖，老亮：《力学史》，长沙：湖南教育出版社，2001。

第三章

晋到隋唐时期

第一节　历史与科学技术概述

晋武帝司马炎统一三国，建立晋朝(265—317)，定都长安，史称西晋。西晋政权从一开始就在统一之中存在着分裂的暗流，稳定中蕴含着不安定的因素，公元316年西晋灭亡。公元317年司马睿在建康（今江苏南京）正式称帝，建立东晋。这个时期由于政权更迭频繁、社会动乱，割据和战乱对社会生产力和科学文化的发展都产生了破坏作用，但是一些少数民族入主中原，发生了民族大融合，促使手工业、农业和科学技术在各地传播与交流，尤其是与生产和战争有关的科技领域，还得到一定程度的发展。

在三国两晋南北朝时期（220—589），中国曾有过短暂的统一，也曾有南北对峙，仅北方就先后出现了二十多个政权。大多数政权建立之初，都采取了一些措施，以恢复生产和经济，战争间歇期，出现了生产恢复和经济繁荣的局面，我国古代科技（包括物理学）取得了一系列的重大进展，出现了一批在中国科技史上占有重要地位的著名科学家和技术发明家，如张华、葛洪、谭峭等。这一切为唐代高度发达的封建文明奠定了科学技术方面的基础。

公元581年，杨坚称帝，建立起隋朝。杨坚死后其子杨广即位，是为隋炀帝。隋炀帝开凿运河，客观上促进了大江南北经济、文化的交流。但是隋炀帝好大喜功，穷兵黩武，奢华享乐，耀武扬威，致使隋朝仅存37年而亡。

公元617年，李渊起兵攻占长安，第二年建唐称帝。唐太宗李世民（626—649在位）励精图治，知人善任，政治清明，史称"贞观之治"。唐代是中国全面发展的时期，经济繁荣，军事强盛，边境也相对安定，呈现出兼收并蓄、海纳百川的大国气象，唐王朝成为当时世界上最强大的封建帝国。唐朝的经济繁荣表现为农业兴旺，交通发达，商业昌盛，手工业中无论官营或私营都有较大发展，尤以冶铸、织染、造船、制瓷、造纸、印刷、制糖等为最强，文化艺术也开创了一个新时代。

隋唐五代时期 (581—960)，是我国封建社会的盛世，以高度发达的封建文明而著称于世。由于这个时期全国基本统一，社会较为安定，经济得以发展，科学技术又一次得到大发展，因而国家能进行规模巨大的工程建设，如大运河的开凿，都城长安和东都洛阳的兴建等，都体现了当时强大的国力。国家的统一有利于科学技术的推广，如医药、农具、纺织新工艺的推广，促进了生产力的发展，反过来又丰富和充实了我国的科学技术知识。一些重要的科学发明，如印刷术、火药，还有指南针，亦在此时期相继问世或初露端倪，为人类文明作出了重大贡献。

晋到隋唐时期，较多涉及物理现象和知识的著作有晋张华《博物志》，唐段成式《酉阳杂俎》、张志和《玄真子》、王度《古镜记》以及两本道家著作，晋葛洪《抱朴子》、南唐谭峭《化书》，等等。

隋唐文化和科技居于世界领先地位，吸引着东西各国的使者、学者和商人涌入长安等地，进行学习和交流，并产生了中华文化圈，改变了东亚地区的文化面貌。隋唐文化的光辉还辐射到欧洲、非洲、中东等地区，中国的造纸术、炼丹术、数学和瓷器等西传，对中世纪的印度、阿拉伯、欧洲和非洲产生了一定的影响。隋唐时期，中国传统文化走向世界，有力地推动了世界文化的进程。

第二节 《博物志》中的物理实验

一、《博物志》及其作者张华

1.《博物志》简介

《博物志》的研究者比较一致的看法是《博物志》确为西晋张华所作，张华所作的原本比现在的内容更多，原本在流传过程中不断散失；与此同时，后人也在不断地增补此书。原本与今本虽一脉相承，但已大大改变了面貌。

今本《博物志》为 10 卷，其内容多采摘晋以前典籍中的材料，内容博杂，材料丰富，包括山川地理、飞禽走兽、历史逸事、人物传说、神仙方术、怪异事物等，可以说是熔神话、古史、博物、地理、杂说为一炉，这些内容对今天研究古代历史和文学具有重要的意义。从今天的通行本来看，前三卷记地理动植物；第四、五两卷记方术家言；第六卷是杂考（包括人名、器名、物名等）；第七至十卷是异闻、史补和杂说。从科学史的角度看，该书也记述了不少物理、化学、生物、地理等知识，其中有些条目在物理学史上颇有价值，如自燃现象、静电火花、凸透镜点火、羽毛衍射等。

《博物志》有着重要的史料价值。第一，它是研究晋代以前社会状况的重要史料。第二，《博物志》是研究古代礼仪风俗的重要资料。这些有关礼仪习俗的材料，为研究古代社会生活和风俗史，提供了宝贵史料。第三，《博物志》为研究艺术史提供了重要资料。第四，《博物志》记载了有关古代文献典籍及其收藏状况的资料，是研究文献学史的重要参考史料。第五，《博物志》的重要价值还体现在它记载了大量的科学技术知识，范围涉及技术发明、医学、养生、畜牧业等各方面。技术发明如："削冰令圆，举以向日，以艾于后承其影，则得火。"这里记载了制凸透镜以取火的技术。此外，《博物志》对于天文学、地理学、植物学、军事学、文学、训诂学的研究都具有重要的史料价值。

《博物志》的文章短小精悍，文字简约，语意完整，生动有趣，引人入胜，令人神往，是一部知识性、趣味性、可读性很强的鸿篇巨制。《博物志》以其轻松随意的特点，为人们开创了一个消闲自在、寓学于乐的著作体裁，即笔记体小说，为我国古代文化树立了一块丰碑。

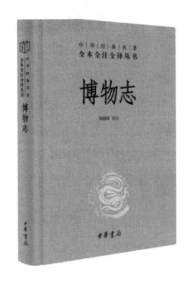 

△图 3-2　《博物志》书影

◁图 3-1　《博物志》封面

2. 张华生平

张华（232—300），字茂先，范阳方城（今河北固安）人。西晋文学家、诗人、政治家。《唐书·宰相世系表》载，张华为汉高祖谋臣张良后裔。张华幼年丧父，家境清寒，孤贫无以自立，不得不为人牧羊为生，自幼自我修谨，博览群书，故学业优博，知多识广。他恪守封建道德礼法，为人豁达，气质深沉，晋初任中书令、散骑常侍。惠帝时，历任侍中、中书监、司空，他固劝伐吴，经历了朋党之争，在晋惠帝执政时期，八王之乱爆发，张华被赵王司马伦和孙秀杀害。

张华以博学多闻著称，其诗辞藻浮丽，今存 32 首。张华不仅是位诗人，还是一位书法家，世称"章草八家"之一。流传于世的有草书《得字贴》（图3-4）、《时闻帖》等。《宣和书谱》评其"做字尤工草书，不在模仿，其规矩气度似其人物"。张华是西晋时期众所推崇的文坛领袖，在中国古代文学史上占有不容忽视的地位。张华以举贤荐能被人

图 3-3　张华像

图 3-4　张华草书

广为称颂。他一生著述颇丰，可惜大多失传。相传他撰写的《博物志》初为四百卷，晋武帝十分喜爱，然以其冗长，命缩为十卷。《博物志》为笔记类文体，属张华首创，书中分类记载异境奇物、古代琐闻杂事及神仙方术等，其中保存了不少古代神话材料，还记载了声学、电学、光学等方面的知识，提出了消除共鸣现象的方法。

二、《博物志》中的物理实验

1. 冰透镜点火

[原文]《博物志·戏术》：削冰令圆，举以向日，以艾于后承其影，则得火。

[注释] 艾：艾草，此指艾叶制成的艾绒。

此条所载的取火法，类似古代的"阳燧取火"，即用铜制的凹镜向日取火。

[译文] 取一块冰，削成圆形（图3-5）。拿起来朝向太阳，再把艾绒放在下面承受日影，就能取火。

[解说] 除了水晶、玻璃质地的凸透镜之外，中国人早在汉代就创制了冰透镜并用以点火。这是中国古代独特的光学成就。汉代淮南王刘安所撰《淮

南万毕术》写道："削冰令圆，举以向日，以艾承其影，则火生。"后来，晋张华《博物志》、宋苏轼《格物粗谈》都有类似的描述。

比较张华和刘安关于冰透镜的记述，两者仅差二字，张华叙述中，"以艾于后承其影"一句比刘安的《淮南万

图3-5 冰透镜

毕术》多"于后"二字，固然有传抄之可能，但如不亲自实验是不能多添此二字的。虽然只加两个字，却反映了随着时间推移，人们对透镜折射的认识变得深刻多了。

2. 光的色散现象

[原文]《博物志·佚文》：交州南有虫，长一寸，大小如指，有廉樏，形如白石英，不知其名，视之无定色。在阴地色多缃绿，出日光中变易，或青或绿，或丹或黄，或红或赤，女人取以为首饰。宗岱每深以为物无定色，引云霞以为喻，故托此以助成其说。今孔雀毛亦随光色变易，或黄或赤，但不能如此虫耳。

[注释] 交州：汉代时广东、广西和越南北部区域。有廉樏：表皮光滑。缃绿：黄绿色。变易：变化。宗岱：与张华同时代的人。每深：常常。喻：比喻。托此：借此。助成其说：证实他的说法。

[译文] 交州南部有一种虫，长一寸，大小像手指头，表皮光滑，颜色像白色的石英石，不知道它的名称。这种虫没有固定的颜色，在阴暗的地方多为缃绿色，出现在日光下就会变化。或青或绿，或丹或黄，或红或赤，女人把它捉来做首饰。宗岱常常认为此物没有固定的颜色，就拿云霞来打比喻，本来就是借此来证实他的观点。现在，孔雀毛翎的颜色也会随着光变化，或黄或赤，只是不能像这种虫那样变化多端罢了。

[解说] 在中国古代，许多典籍都记载了光的色散现象。各种色散现象所成色彩和光环多次被人们观察记载，此处张华对此虫和鸟羽毛的色彩做了极好的描述，实在难能可贵。当然，那时尚未知有光的色散这一概念。

3. 消除共振的实验

晋博物学家张华发现了科学地消除共振的方法。据刘宋时期刘敬叔（生年不详，卒年为465—471年之间）所著《异苑》写道：

[原文] 晋中朝有人畜铜澡盘，晨夕恒鸣，如人扣。乃问张华，华曰："此盘与洛阳钟宫商相应，宫中朝暮撞钟，故声相应耳。可错令轻，则韵乖，鸣自止也。"如其言，后不复鸣。

[注释] 畜：保存；收藏。铜澡盘：古代洗澡器皿，如图3-6所示。恒鸣：经常响。宫商：五音中的宫音与商音，后泛指音乐。错：通"锉"。韵乖：声音不相应和。

[译文] 西晋时，朝廷有人向张华求教，说他家中保存一个洗澡用的大铜盆，每日早晚总会嗡嗡作响，就像有人在敲打，也不知道什么缘故。张华回答说：这个澡盆和洛阳宫中大钟的音调相谐，宫中每天早晚都要撞钟，所以使铜澡盆有声相应。张华还说：只要把铜澡盆锉掉一点，使它变轻了，声音不再相应和，便不会再响。那人照张华的话去做，果然它就不响了。

图3-6 古代铜澡盆

[解说] 这个故事说明：中国人早在公元3世纪时就已经掌握了消除共振的方法。张华不仅知道共振的原因，还知道消除共振的方法，确实了不起。这个实验的原理现代不难理解：稍微锉去铜澡盘的一点铜，就改变了它的固有振动频率。其频率一变，它就不再与钟声共鸣了。

4. 摩擦起电

张华在《博物志》中最早记述了静电闪光和放电声响，他写道：

[原文] 今人梳头、脱着衣时，有随梳、解结有光者，也有咤声。

[注释] 随：顺着。解结：解扣。咤声：爆声。

[译文] 人们梳头、穿衣时，梳子与头发、外衣与里面的衣服之间，看到

小火星和听到爆声。

[解说] 这里描写了两个静电实验。人们梳头、穿衣时，梳子与头发，外衣与里面的衣服摩擦，使它们带有异种电荷，电荷放电，看到小火星和听到微弱响声（图 3-7），这是摩擦起电。我国古代的梳子大部分是木梳或漆木梳，少数为骨质或角质梳，它们和头发摩擦是很容易起电的；丝绸、毛皮之类的衣料，互相摩擦也容易起电。当天气干燥，摩擦强烈时，确实能有火星与声响。当然，这火星与声响是十分微弱的。

图 3-7　梳头时的静电现象

唐代段成式在《酉阳杂俎》中记载了摩擦猫皮的起电现象。他在该书续集卷八《支动》中写道："猫……黑者暗中逆循其毛，即若火星。"

这句话的意思是：在黑暗中，用手逆向摩擦黑猫身上的毛，可以看见小火星，此为人的皮肤和猫皮相互摩擦，引起静电。文中强调要在黑暗中，而且又是黑猫，无非是黑猫在黑暗中所发出的小火星，看得更明显而已。其实，白猫也可，只不过因其白，不易被人看清。

5. 古代湿度仪

湿度仪是测量空气内含水分多少的仪器，中国是世界上最早使用湿度仪的国家。古代人想出了测量空气湿度的奇妙办法，即利用吸湿性差异很大的两种物体，将其放在天平上，使其平衡。当空气湿度变化时，吸湿性大的物体会变重，天平失去平衡，从而可判断空气湿度。这就是我国先民发明的悬土炭、悬羽炭、悬铁炭的天平式湿度计。

晋初，人们更进一步把这种天平式测湿器作为预报晴雨的工具。西晋张华在《感应类从志》中对这种测湿方法作了论述，到了宋代，吴僧赞宁再度提到这种观测技术 [1]。张华在《感应类从志》中的记述如下。

[原文] 以秤土炭两物，使轻重等，悬室中，天将雨，则炭重，天晴，则炭轻。又云：以此验二至不雨之时，夏至二阴生，则炭重，冬至一阳生，则炭轻，二气变也。

[注释] 土炭：土与炭。古代冬至和夏至悬于衡器的两端用以测阴阳之气。悬：挂。二气：阴气和阳气。此处分别意指干燥与潮湿。

[译文] 把土和炭放在天平两端，使其平衡。挂在房里，天要下雨时，炭就变重，天晴了，炭就变轻。用此法，在夏至和冬至无雨时，夏至潮湿，则炭变重，冬至干燥，则炭变轻，皆因阴气和阳气变化所致。图 3-8 为古代的天平式测湿仪示意图。

图 3-8　古代的天平式测湿仪示意图

[解说] 上述是一种预测晴阴的天平式测湿仪。早在西汉武帝时，我国先民就已经发明天平式测湿器。《淮南子·说林训》上说："悬羽与炭而知燥湿之气。"同书《淮南子·天文训》上说："阳气为火，阴气为水。水胜，故夏至湿；火胜，故冬至燥。燥故炭轻，湿故炭重。"这是以阴阳概念作的解释。宋代苏轼在《格物粗谈》卷上也说："炭与土等重，悬室中，天将雨，则炭重，晴，则炭轻。"因为土与炭的吸湿性差别很大，而且炭吸湿性强，所以，这个办法是很科学的。由此可见我国古人的智慧。

1　见宋代赞宁撰《物类相感志》。

第三节 《抱朴子》中的物理实验

一、葛洪及其《抱朴子》

1. 葛洪生平

葛洪（约284—363），字稚川，号抱朴子，人称葛仙翁，是晋朝时代的医学家、博物学家和制药化学家、炼丹术家，著名的道教人士。

图 3-9　葛洪像

图 3-10　葛洪塑像

葛洪出生于江苏句容的一个没落的官僚家庭，自幼聪明好学，素性寡欲，不好名利，唯慕神仙。十三岁时父亲病故，家境日益贫寒，但他并没有因为生活的贫寒而放弃学习，常常徒步到各处借读书籍，砍柴卖柴，以买纸笔，夜间以柴火照明，读写抄录，极为刻苦，有时为了借读书籍或求教问题，不惜跋山涉水，不达目的不罢休。从十六岁时，他便开始读阅《孝经》、《论语》、《诗经》、《易经》等儒家经典，后遂以博学而知名，兼有文才武略。

他不仅对道教理论的发展卓有建树，而且学兼内外，于治术、医学、化学、音乐、文学等方面亦多成就。葛洪一生著述很多，《晋书》本传说他："洪博闻深洽，江左绝伦，苦述篇章，富于班马。又精辩玄赜，析理入微"，认为他学识渊博精深，江南一带无人能与之相比。其著作比班固和司马迁还多，而且分析的都是很精妙高深的道理，能够言人所未言，发人所未发。此并非虚言，据史志著录，他的著作有七十余种，《抱朴子》为其主要著作，另有《梦林玄解》、《神仙传》、《西京杂记》《金匮药方》、《肘后备急方》等。

图 3-11　《西京杂记》书影

2. 《抱朴子》简介

在葛洪众多著述之中，《抱朴子》是其流传至今的代表作之一。该书由《内篇》二十卷、《外篇》五十卷两部分组成。

《内篇》主要论述战国以来神仙家的理论、炼丹方法，阐释他自己关于长生术的见解和实践等，是我国现存年代较早而又比较完整的一部炼丹术著作。

《外篇》则为政论性著作，表达了葛洪的社会政治主张和思想。科学史界一般对《内篇》更重视些，因为有关药物学、医学、化学、光学和生物学的知识多在《内篇》中。

图 3-12　《抱朴子》书影

　　《抱朴子》记载的炼丹术中所反映的化学知识，是中国化学史的重要研究对象。另外，《抱朴子》还广泛涉及药物学和医学，记录了大量矿物、植物药。它对一些疾病成因和治疗方法的论述，也非常深刻。在光学成像方面，《抱朴子》记述了平面镜组合（他称作"日月镜"和"四规镜"）以及它们的成像。另外，葛洪还是一位天文学家。正是由于有以上许多成就，葛洪当之无愧为我国4世纪的一位杰出的科学家。

　　《抱朴子》对后世影响很大。如明代著名医学家李时珍就深入研究过《抱朴子》，从中吸取了不少有益的东西。《抱朴子》虽然包含着许多迷信和荒诞的说法，但是它对化学、医药学的发展和火药的发明，都有不可磨灭的贡献。

二、《抱朴子》中的物理实验

1. 平面镜组合成像

　　［原文］《抱朴子·内篇·杂应》：明镜或用一，或用二，谓之日月镜；或用四，谓之四规镜。四规者，照之时，前后左右各施一也。

　　［注释］明镜：平面镜，道教方术之一。从下文看，其法为分形之术，疑为明镜对人成二形，道教由此驰骋想象，以为能用明镜将人分为二、为三，乃至无穷。

　　［译文］有人用一个明镜，有人用两个明镜，这叫作日月镜；用四个明镜的，就叫四规镜。所谓四规，就是在映照的时候，要在身体的前后左右各放置一个明镜。

　　［原文］《抱朴子·内篇·地真》：守玄一，并思其身，分为三人。三人已见，又转益之，可至数十人，皆如己身。隐之

图3-13　多面镜成像

显之，皆自有口诀，此所谓分形之道。

师言：守一，兼修明镜。其镜道成，则能分形为数十人，衣服面貌，皆如一也。

[注释] 玄一，真一：同为"道"的代名词。葛洪将此区别，主要是从守一养神的角度来看的。思存"玄一"时，只念自身，其表现是几个相同的自身显现；而"真一"有自己的姓名字号等，思存真一的效果是与"道"冥合。以求长生：两者与哲学的"一"有区别。

[译文] 持守玄一（玄一为一种道法），兼顾思存自己的身体，想象着自己的身体分成三个人体，三个人体出现后，再进一步增加，可以增加到数十人，都像自己的身体一样，要它们隐匿或显现，都各自有一套口诀，这就是所谓的分形的道术。

先师曾经教导我们说，在持守真一功的同时，还应该兼修明镜功，明镜功一旦修成，就能够将自己的形体分成几十个人，衣服和面貌都如同一个人。

[解说] 用两个平面镜就可以看见自己脑后发型。与此相类似，中国古人曾以多个平面镜的组合去观赏一些奇特的景物。

组合平面镜也就是"复镜"。复镜的发展、应用及其神秘化都与道家直接相关。道家认为采用明镜分形，可以达到某种特殊境界，所以他们充分利用复镜成多像的情形，探讨如何摆放多枚平面镜而成复像，并将此现象称为"道法"、"分形术"，也就是后来道家所谓的分身术。其实，道士是利用多个平面镜的组合产生多次反射成像，使得一人可以呈现数十个虚像。

晋代道家代表人物葛洪在《抱朴子·内篇》中描述了复镜及其成像。他把梳妆时照见自己后脑的两面镜称为"日月镜"；而把在人的前后左右各摆放的一面镜子，称为"四规镜"。四规镜可以见到自身的正、侧、后多种像，葛洪称之为"来神甚多"。在这里，道家的"神"代替了物理学中的虚像。这个"神"字就通向了道家的所谓"道法"。

葛洪曾亲手拿起多面镜子，果然"分形为数十人"，即镜中之像有数十个，"衣服面貌皆如一"。道家"分形术"大抵如此。

葛洪的组合平面镜实验，开"万花筒"之先河。

另一个著名的道，南唐谭峭也对组合平面镜极感兴趣，这将在第三章第七节中介绍。

2. 晶体分光，色散

[原文]《抱朴子·内篇·仙药》：云母有五种，人多不能分别也，法当举以向日，看其色。详占视之，乃可知耳。正尔于阴地，视之不见其杂色也。五色并具而多青者，名"云英"，宜以春服之；五色并具而多赤者，名"云珠"，宜以夏服之；五色并具而多白者，名"云液"，宜以秋服之；五色并具而多黑者，名"云母"，宜以冬服之；但有青黄二色者，名"云沙"，宜以季夏服之；晶晶纯白名"磷石"，可以四时长服之也。

[注释] 正尔：只是。多青者宜以春服之：在古人的五行宇宙模式中，春天与青色相配，夏天与赤色相配，等等，所以青者适宜以春日服用。季夏：夏末。

[译文] 另外，云母有五种，但人们大都不能区别。按照法则，应该举起来，对着太阳观察它们的颜色，详细端详观察，才可以了解。只是将云母放置于阴暗无阳光处，并不能看见它们的杂色。五色都具备而青色居多的，叫"云英"，适宜在春日服用；五色都具备而红色居多的，叫"云珠"，适宜在夏日服用；五色都具备而白色居多的，叫"云液"，适宜在秋日服用；五色都具备而黑色居多的，叫"云母"，适宜在冬日服用；只有青黄两种颜色的，叫"云沙"，适宜在夏末服用；皎洁纯白色的叫"磷石"，可以在四季里长期服用。

[解说] 云母是道士炼丹的重要原料，他们常常根据云母的散射性能，判断其优劣。葛洪的记述是关于晶体色散的较早记载。有关晶体分光的知识在中国古代是比较丰富的。南北朝时肖绎的《金楼子》记载了君王盐晶体的色散现象，书中说这类晶体"有如水晶，及其映日，光似琥珀"。琥珀受日光照射，呈现缤纷的色彩。在《梁书·中天竺国传》中也有类似记载，不过此处记为"火齐"，实则是云母。书中写道："火齐状如云母，色如紫金，有光耀。"

梁代道书《太清石壁记》中记有："取其云母向日看，五色焕烂，然无瑕秽者良。"可见，这是根据云母的色散及有无杂质确定其优劣的。

唐代道士孙思邈在《枕中记》中讨论云母的种类时，也是根据色散现象将云母分为八类。

后来方以智对各种色散现象进行了总结，参看第五章。

图 3-14　形形色色的云母

3. 结环飞木

葛洪飞车，见载于《抱朴子·内篇·杂应卷》，其文曰：

[原文]用枣心木为飞车，以牛革结环剑以引其机……上升四十里……

[注释]枣心木：红心枣木。牛革结环剑：用牛皮带穿过柄环的剑。引：牵引。

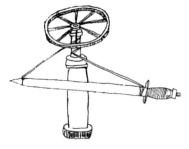

图 3-15　《抱朴子》中飞车示意图（据王振铎复原图绘）

[译文] 有人用枣心木为飞车，用牛皮带穿结的宝剑来牵引那器械（图3-15），一直上升到40里的高度。

[解说] 飞车，不少人认为，就是后来称为"竹蜻蜓"的一种玩具。它的主要部件是一个加工成斜面或弯曲面的薄竹片或木片，作飞翼，如图3-16所示，弯曲面类似向下吹风的风扇叶。飞翼下安装一转柄，转柄套入用竹筒做成的手柄中。在手柄一侧开孔，将绳索穿过小孔后缠绕在转柄上，绳的一端露在手柄外，用力抽出绳索，翼片急速旋转，翼片即向空中飞去。

飞车的飞行原理是：拉动绳索，转柄飞速转动，并带着飞翼做圆周运动。由于飞翼做成螺旋桨状，它对空气产生向下的作用力，把绳索从竹筒中全部抽出后，飞翼在空气反作用力的推动下飞向空中。

图3-16　竹蜻蜓

第四节 《古镜记》中的透光镜实验

一、王度及其《古镜记》

用透光镜进行实验演示，最早的文字记载见于王度的《古镜记》。

王度（《旧唐书》作王凝），字不详，隋末唐初绛州龙门（今山西河津）人，初唐诗人王绩之兄，约生于公元585年，卒于625年左右。其祖籍太原祁县，属太原王家。祖父王一为安康献公，受田于龙门，遂定居龙门。王度便出身于这样的官宦书香之家。

王度因做过芮城县令，所以人称芮城府君。他初仕隋御史，大业

图 3-17 王度像

七年(611)五月罢归河东，大业八年冬兼著作郎，奉诏撰国史。 王度任著作郎期间，曾撰《春秋》，记北魏、北周历史，并已草成，可惜最后未能成书传世，又曾撰《隋书》，因逢丧乱，未完成。这是非常可惜的。王度的传世之作，是志怪小说《古镜记》。他一生主要从仕、治史，最后却以小说名世。

《古镜记》是现存的唐人传奇中最早的小说，是一篇六朝小说向成熟的唐人传奇过渡的代表性作品。鲁迅先生《中国小说史略》第八篇《唐之传奇文（上）》指出："其文甚长，然仅缀古镜诸灵异事，犹有六朝志怪流

风。"尽管在《古镜记》中还可以看出六朝小说影响的痕迹，但是与六朝小说相比，此书无论在篇幅上，还是在情节结构、形象塑造、叙事艺术诸方面都产生质的变化，揭示出唐传奇发展的历程。《古镜记》在我国小说史上居重要地位，以至于凡谈中国文学史者，无一不谈到王度的《古镜记》。王度之名，也正是因《古镜记》而千古流传的。

《古镜记》讲述围绕古镜发生的十二个小故事，作品线索分明，结构谨严。小说的叙事艺术较之六朝小说有显著的提高。

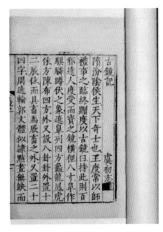

图 3-18　《古镜记》书影

二、《古镜记》中的光学实验——透光镜

[原文] 隋汾阴侯生①，天下奇士也。王度常以师礼事之。临终，赠度以古镜，曰："持此，则百邪远人。"度受而宝之。镜横径八寸，鼻作麒麟蹲伏之象②。绕鼻列四方，龟龙凤虎，依方陈布。四方外又设八卦③，卦外置十二辰位④，而具畜焉⑤。辰畜之外，又置二十四字，周绕轮廓，文体似隶⑥，点画无缺，而非字书所有也。侯生云："二十四气之象形⑦。"承日照之，则背上文画，墨入影内，纤毫无失。举而扣之，清音徐引，竟日方绝。嗟乎！此则非凡镜之所同也。宜其见赏高贤，自称灵物。侯生常云："昔者吾闻黄帝铸十五镜⑧，其第一，横径一尺五寸，法满月之数也。以其相差各校一寸⑨，此第八镜也。"虽岁祀攸远⑩，图书寂寞⑪，而高人所述，不可诬矣。昔杨氏纳环⑫，累代延庆；张公丧剑⑬，其身亦终。今度遭世扰攘，居常郁怏，王室如毁⑭，生涯何地，宝镜复去，哀哉！今具其异迹，列之于后，数千载之下，倘有得者，知其所由耳。

[注释]

① 汾阴：古县名，治所在今山西万荣西南，因在汾水之南而得名。

② 鼻：器物上凸出以供把握的部分。

③ 八卦：也称经卦，《周易》中的八种基本图形，取名为乾、坤、震、巽、坎、离、艮、兑，主要象征天、地、雷、风、水、火、山、泽八种自然现象。

④ 十二辰位：即子、丑、寅、卯、辰、巳、午、未、申、酉、戌、亥等十二地支。

⑤而具畜焉：意思是配上与十二地支对应的生肖，子为鼠，丑为牛，寅为虎，卯为兔，辰为龙，巳为蛇，午为马，未为羊，申为猴，酉为鸡，戌为狗，亥为猪。

⑥隶：隶书。

⑦二十四气：二十四节气。

⑧黄帝：传说中中原各族的共同祖先，姬姓，号轩辕氏、有熊氏。

⑨校：计。

⑩岁祀攸远：年代久远。

⑪图书寂寞：书籍中少有记载。

⑫杨氏纳环：据南朝梁吴均《续齐谐记》记载，东汉杨宝九岁时曾在华阴山救了一只受伤的黄雀，后来梦见一位黄衣童子以白环四枚相赠，自称是西王母使者，让杨氏后人显贵，后来果然应验。

⑬张公丧剑：据《晋书·张华传》记载，西晋张华博学多识，他探知丰城地下埋有宝剑，县令雷焕果然掘得龙泉、太阿两把宝剑，将龙泉剑送给张华。后来张华被赵王司马伦杀害，宝剑也破壁而去。

⑭王室如毁：意谓隋王朝即将覆亡。

[译文]隋朝时，汾阴有位侯生，是天下的奇士。王度一直以对待老师的礼节对待他。侯生临终时，送王度一面古镜，说："拿着它，各种妖邪都会远远避开的"。王度接受了这面古镜，对它非常珍爱。那古镜直径有八寸，背面正中凸出的镜鼻制成麒麟蹲伏的样子。环绕它分为东、南、西、北四个方向，龟、龙、凤、虎按四方分布。四方之外又设置八卦，八卦之外排列着十二时辰的位置，各有代表每个时辰的牲畜形象。这之外，又有二十四个字，

沿镜子的边围成一周，字体像是隶书，点画都不缺，但又不是字书上所有的。侯生说："这是二十四节气的象形。"对着太阳映照时，镜子背面的文字图案、笔迹就透入光影之中，丝毫没有差异。拿起镜子敲它，清越的声音徐徐漫出，整整一天才消失。唉，这实在跟普通的镜子不相同。难怪它被一些高人贤者所赏识，称它是通灵性的宝物。侯生曾经说："从前我听说黄帝铸造了十五面镜子，第一面的直径为一尺五寸，是按满月之时的天数制造的，以下依次减少一寸，这是第八面镜子。"虽然年代久远，图书缺少记载，但高人所说的话，不可能是假的。从前杨宝救了一只黄雀因此得到了它作为报答的玉环，子孙都得到福泽，位居三公；而张华失去了龙泉剑，自身也性命不保。现在我遭受乱世的扰攘，常常抑郁不欢，朝廷一旦灭亡，我将到什么地方去安身呢？眼下宝镜又失去了，可悲呵！如今我把宝镜那些奇异的事，一一写在后面，要是几千年之后，有人重新得到它，便可以知道它的来历。

[解说] 这里描述的是古代著名的 "透光镜"。"透光镜"是中国古代发明的一种特殊金属镜，这种镜子用铜铸成。透光镜始于西汉。透光镜与编钟、鱼洗一起，被称为中国古代青铜三宝。这种镜子承日光照射而反射投影时，其背面的花纹图案尽现于影中。清代郑复光在《镜镜诊痴》中说："独有古镜，背具花纹。正面斜对日光，花纹见于发光壁上，名透光镜。"

1989 年，湖南攸县发掘了一枚透光镜，直径 21.8 厘米，厚约 0.2 厘米，属战国时期遗物。这说明，透光镜的制造历史是相当久的。一般铜镜不具有"透光"效果，铸造"透光镜"需要特殊的技术。

南北朝时期文学家庾信 (513—581) 著有《镜赋》一篇，其中有中国古代"透光镜"的最早描述。《镜赋》中有如下一段文字：

…… 镜乃照胆照心， 难逢难值。镂五色之盘龙，刻千年之古字。山鸡看而独舞，海鸟见而孤鸣。临水则池中月出，照日则壁上菱生。

《镜赋》可能是最早对此类镜的现象作出描写的文章。它记述了该类镜背面 "镂五色之龙盘，刻千年之古字"，又指出此镜将日光反射到墙壁上，则有"菱花"出现，即镜背图案映在墙上。

宋代沈括在《梦溪笔谈》中描述了自己收藏的"透光镜"，并探讨了其

"透光"道理。

此外，关于透光镜的文字记载还有许多，如宋代的《癸辛杂识》、《云烟过眼录》，元代的《闲居录》，清代的《铜仙传》、《镜镜诊痴》、《前尘梦影录》、《渊鉴类函》等均有涉及。

沈括之后，元、明、清各代都有人对"透光镜"的铸造技术进行过研究。元代吾邱衍探讨出一种"透光镜"的制作方法："世有透光镜，似有神异，对日射影于壁，镜背大藻于影中，——皆见，磨之愈明，因思而得其说。假如镜背铸作盘龙，亦于镜面窍刻龙如背所状，复以稍浊之铜填补铸入，削平镜面，加铅其上，向日射影，光随其铜之清浊分明暗也。"这是用镶嵌法使镜面具有"透光"效果。19世纪，郑复光经过认真研究，比较好地解决了"透光镜"的技术问题。这些都是后话，我们将在后面的章节中介绍。

图3-19 透光镜

第五节 《玄真子》中的光学实验

一、张志和及其《玄真子》

1.张志和生平

张志和（730？—810？），唐代著名道士、词人和诗人。字子同，初名龟龄，中国婺州（今浙江金华）人，自号"烟波钓徒"，又号"玄真子"。十六岁参加科举，以明经擢第，因向唐肃宗献策，深受赏识和重用，唐肃宗赐名志和，自此志和即为其名。做过翰林待诏、左金吾卫录事参军。正当他少年春风，荣宠之际，却不慎因事得罪朝廷。俗话说"伴君如伴虎"，皇帝喜怒无常，天威难测，像张志和这样直性子的人更难免出事，于是张志和就被贬官为南浦县（今江西南昌西南）尉官。不久遇赦回到京城长安，虽然被贬时间不长，却在他心灵上留下一道深痕，他似乎看破官场，泯灭仕念。于是趁家亲亡故之机，以奔丧为由请求辞官返金华。

图 3-20 张志和像

从此张志和不愿再为官，情愿驾一叶小舟，终日泛舟于江湖之上，自号为烟波钓徒。张志和的诗词造诣很深，作品颇多。最负盛名的《渔歌子》是脍炙人口、千古流传的名篇，还进入了中学语文教材。

《渔歌子》

西塞山前白鹭飞，桃花流水鳜鱼肥。青箬笠，绿蓑衣，斜风细雨不须归。

他的哥哥叫张鹤龄，也是做县尉的，张鹤龄念及兄弟之情，生怕张志和就此遁去不回来了，于是在越州（今浙江绍兴）城东买了块地，给他盖了几间茅屋让他住。张鹤龄的文章也不错，他特地写过一首《和答弟志和渔父歌》："乐是风波钓是闲，

图3-21　诗情画意《渔歌子》

草堂松径已胜攀。太湖水，洞庭山，狂风浪起且须还。"其中拳拳兄弟深情，非常感人。他惦念着弟弟：当风狂浪高的时候，你可要早点回到这茅舍中来啊。

张志和听从兄长安排，回越州居住。然而，张志和决心脱离官场，浮家泛宅，浪迹江湖，寄情山水，过着扁舟垂钓的隐士生活。

隐居期间，他潜心观察、研究自然，致力探究道学玄理，埋头于学术著述。他的著作颇多，其中最著名的有《太易》十五卷，另有《玄真子》十二卷，凡三万言。此书大部分已经佚失，今仅存《玄真子》三卷。

他对文艺多有通晓，凡诗词、书画、击鼓、吹笛无不精通。张志和不仅文采恣肆，而且对自然现象也怀有浓厚的研究兴趣，面对自然玄秘，探究深奥的道理，搜索隐秘的事情，乐此不疲。由于悉心研究自然科学，他取得了显著成就。

2.《玄真子》简介

《玄真子》今仅存三卷，上卷《碧虚》、中卷《鹭鸶》、下卷《涛之灵》，该书约成于772年，是张志和的晚期作品。这是一部道家著作，反映了张志和的道家思想和自然观。书中在阐述道家思想时，往往以自然科学知识为论据，因此，《玄真子》中包含了丰富的自然科学知识，尤以下卷《涛之灵》更为突出。

《玄真子》的文体酷似《庄子》，作者善用譬喻及寓言来阐述自然界造化、方圆、大小之理。作者注意到光的色散现象，对自然界常见的雨后虹霓景象，有自己独到的科学见解。他说“雨色映日为虹”，即雨滴反射日光从而形成虹这一自然现象，准确解释了虹霓产生的物理原因。

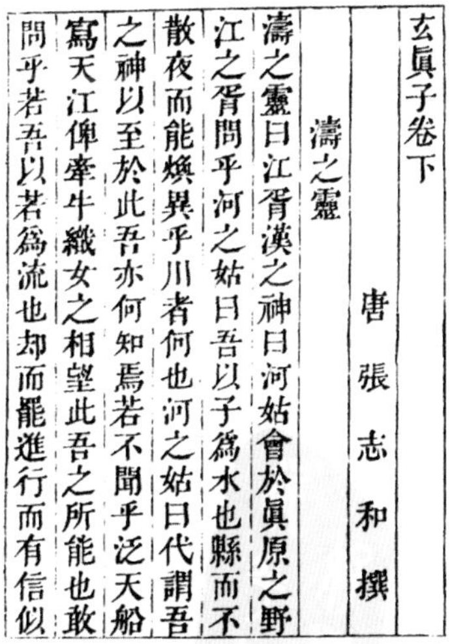
玄眞子卷下
唐 張志和 撰
濤之靈
濤之靈曰江胥漢之神曰河姑會於眞原之野江之胥問乎河之姑曰吾以子爲水也縣而不散夜而能煥異乎川者何也河之姑曰代謂吾之神以至於此吾亦何知焉若不聞乎泛天船寫天江俾牽牛織女之相望此吾之所能也敢問乎若吾以若爲流也却而能進行而有信似
玄眞子 卷下 三五

图 3–22 《玄真子》书影

《玄真子·涛之灵》集中反映了张志和十余年研究自然科学所取得的成就，同时也从一个侧面反映出唐代自然科学的发达情况。

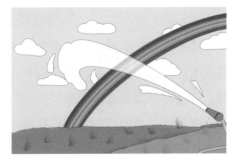

二、《玄真子》中的光学实验

1. 人造虹霓实验

[原文]《玄真子·涛之灵》：背日喷乎水，成虹霓之状，而不可直者，齐乎影也。

[注释] 齐：相当或等同。影：影像。

[译文] 人背着太阳所在的方向向空中喷水，即可观察到虹霓现象。如果向着太阳喷水，则不会有彩虹形成。观察到的虹呈弧形，而不是直线形的。“齐乎影也”是张志和对虹霓形成原因的解释。这句话的意思是人造虹霓是日光在水滴里形成的影像（图 3–23）。

图 3–23 喷雾以成彩虹

[解说] 夏天雨过初晴时，常见有五彩缤纷的彩虹横挂天空。雨后虹霓是

自然界最为壮观多见的日光色散现象，因而中外古人多是通过观察彩虹而开始了对日光色散现象的认识。

我国古人对虹的观察历史久远。殷代甲骨文中已有虹字，屈原在《楚辞》中有关于虹之色彩的描写："建雄虹之彩旄兮，五色杂而炫耀。"通过对彩虹等各种色散现象的观察，先秦古人已初步认识到彩虹的五彩缤纷之色是由日光造成的。

东汉学者蔡邕曾对虹的产生条件作过探讨，他说："虹见有青赤之色，常依阴云而昼见于日冲。无云不见，太阳亦不见，见辄与日相互，率以日西，见于东方。""冲"是相对，"日冲"即与日相对的方位。雨后初晴，日光投射到薄薄的雨雾上，众多的小水滴对日光的反射和折射即形成彩虹。因此有"无云不见，太阳亦不见"。由于彩虹是一片雨雾（即无数小水滴）对日光的反射和折射而形成的，观察者只有位于太阳和这片雨雾之间才能看到它，所以有"见辄与日相互，率以日西，见于东方"。

唐代经学家孔颖达（574—648）也指出："云薄漏日，日照雨滴则虹生。"前人的这些认识都是正确的，他们为张志和进行人造彩虹实验提供了经验。在前人认识的基础上，张志和进行了人造彩虹的实验。

唐代以后，不断有人做此实验，人造虹霓已成为相当广泛的常识。五代谭峭说："饮水雨日，所以化虹霓也。"（谭峭：《化书》卷二）宋代陆佃说："以水噀日，自侧视之则晕为虹霓。"（陆佃：《埤雅》卷二十《释天·虹》）明代方以智说："人于回墙间向日喷水，亦成五色。"（方以智：《物理小识》卷八）这些描述的都是人造彩虹现象。

《玄真子》中的这条科学史料十分珍贵，它记载了古人用实验方法对虹霓现象的研究。这个实验意义重大，这是人们有意识进行的一次日光色散实验，它直接模拟了虹霓现象，说明古人已能成功地造出彩虹，证实了虹霓是日光照射雨滴所形成的，对虹霓的本质作出了正确的解释，从而把我国对虹霓的认识提高到一个新的水平。

欧洲古代对虹霓的人工模拟实验是从 13 世纪开始的，比张志和晚了 500 多年。同时，人造虹霓的模拟成功，给有关虹霓的种种迷信邪说以毁灭性的打击，为无神论提供了有力的证据。此外，在科学还处于猜想和思辨阶段的时代，能运用实验来研究虹霓，在科学方法论上也有重要意义。

2. 关于视觉暂留现象

[原文]《玄真子·涛之灵》：烬火为轮，其常也非环，而不可断者，疾乎连也。

[注释] 烬火：指不冒火苗的灰烬之火。常：常态。疾：快速。

[译文] 将一块烬火快速转动而呈轮状，其实在常态下它并不是一个环，但看上去却成环状而没有间断，那是烬火快速转动的缘故。

[解说] 这是我国古代关于人眼视觉暂留现象早期的研究和记载。张志和指出视觉暂留现象产生的关键是被观察物的快速运动，这是非常正确的。现代动画和电影技术主要利用了人的视觉暂留现象。

3. 关于视错觉

[原文]《玄真子·涛之灵》：夫以百尺之竿戴乎监，卧之立之，远近适等，而大小不同，信目之有夷险者矣！

[注释] 戴：是置的意思。乎：同"于"。夷：平坦。险：与"夷"相对，如化险为夷，这里"夷险"连在一起，说明人眼的主观感觉截然相反，所以可以理解为错觉。

[译文] 在很长的竿子上置一个圆盘，然后将竿子横放，或竖放，观察者离它的距离相等，感觉盘的大小是不同的，这确是因为人眼的主观感觉，即视觉有错觉的缘故。

[解说] 我们知道，由于环境的不同，以及光、形、色等的干扰，加上人生理上的因素影响，人们对事物往往产生错误的感知，这就是错觉。通常将表现在视觉方面的错觉称为视错觉。距今1200多年的张志和就发现了人的视错觉，并做了实验研究和生动的记载，是很了不起的。

俗话说："眼见为实，耳听为虚。"事实上"眼见"由于受各种因素的干扰，也可能为"虚"。

视错觉的最大意义就是"假作真时真亦假，无为有处有还无"。视错觉并不是神秘的事物，而是我们生活中常常遇到的奇妙现象，其中的原理运用到科学研究、艺术设计和实际生活中，更加彰显它的独特魅力。

下面举一个几何图形视错觉的例子，称为横竖错觉，如图 3-24 所示。横竖两等长直线，竖线垂直立于横线中点时，看起来竖线比横线长。

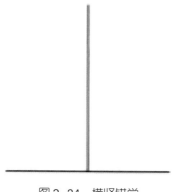

图 3-24　横竖错觉

第六节　《酉阳杂俎》中的光学成像

一、段成式及其《酉阳杂俎》

1. 段成式生平

段成式 (803—863)，唐文学家，字柯古，齐州临淄 (今山东淄博) 人。其父段文昌，曾任宰相，工诗，有文名。段成式自幼即力学苦读，博学强记，他家多奇篇秘籍，成式无所不览，早有文名。段成式年轻时随父亲转徙各地，了解各地风土人情、逸闻趣事，开拓了视野，加之他精研苦学，故知识渊博。段成式和当时的诗人温庭筠、李商隐、李群玉结为朋友，往来密切。这对他的诗文创作产生了深刻的影响。

段成式曾因父亲段文昌的关系，就任秘书省校书郎，又出任江州刺史，直至太常少卿。成式为官期间，曾为故里修七孔拱桥，架通南北之路。乡人为记段氏功德，遂将相邻的段、加、马、乔四村改名为"段桥"，并刊石立碑。

段成式的才能是多方面的，他能诗善文，除代表作志怪小说集《酉阳杂俎》外，还有《卢陵官下记》二十卷、《汉上题襟集》三卷、《鸠异》一卷、《锦里新闻》二卷、《破虱录》一卷、《诺臬记》一卷。在文坛上，他与李商隐、温庭筠齐名。

总之，段成式这位晚唐时期的诗人、小说家不但在国内曾经蜚声士林，即使在国外，也颇受重视。

2.《酉阳杂俎》

图 3-25　段成式像

段成式的文学成就主要是他的《酉阳杂

俎》。《酉阳杂俎》20卷，《续集》10卷，以内容广博而蜚声中外。这部著作内容繁杂，有自然现象、文籍典故、社会民情、地产资源、草木虫鱼、方技医药、佛家故事、中外文化、物

图 3-26 　《酉阳杂俎》书影

产交流等，可以说五花八门，包罗万象，具有很高的史料价值。它既保存了南北朝至唐代许多有价值的珍贵史料，也显示了著者写人记事的高超文笔，书中的故事大多结构完整，情节生动，形象鲜明，比起唐代传奇小说毫不逊色。鲁迅曾予以高度评价，认为这部书与唐代的传奇小说 "并驱争先"。正是《酉阳杂俎》奠定了段成式在文学史上的地位，使他成为唐代的著名作家。

此外，《酉阳杂俎》还记载了陨石、化石、矿藏、光学、动物、植物等宝贵资料。

二、《酉阳杂俎》中的物理实验

1. 拳上倒碗 （ 或称掌下悬碗）

唐段成式在《酉阳杂俎》中记叙了一项绝技，所谓"拳上倒碗 "，或称"掌下悬碗"，其实是表演一种真空实验。在《酉阳杂俎》续集卷四中有如下记载：

[原文] 予未亏齿时，尝闻亲故说，张芬中丞在韦南康皋幕中，有一客于宴席上，以筹碗中绿豆击蝇，十不失一，一坐惊笑。芬曰："无费吾豆。"遂指起蝇，拈其后脚，略无脱者。又能拳上倒碗，走十间地不落。

[注释] 亏齿：脱落乳齿，小孩换奶牙。亲故：亲戚朋友。故：故旧，多指老朋友。中丞：官名。韦南康皋：即韦皋，唐京兆万年（今陕西西安附近）人，封南康郡王。幕府：将帅在外的营帐。筹：数码，古代投壶等游戏用以记数的工具。拈（niān）：用两三个手指夹取。略：差不多，几乎。间：房屋的量词。

[译文] 我还没有换奶牙的时候，曾经听亲戚故旧说过，张芬中丞在南康郡王韦皋幕府中干事，有一位客人在宴席上用筹码碗中的绿豆打苍蝇，百发百中，满座的人十分惊奇，报以敬佩的笑声。张芬见了，站起来说："不要浪费我的绿豆。"说着，伸手指了指在空中飞的苍蝇，用两个指头夹住了它的后脚。指一个夹一个，几乎没有一个逃脱的。他还能把一只碗倒立在拳上，走十间地那么远碗也掉不下来。

[解说] 这篇寓言[1]形象地说明一个有趣的真空实验："拳上倒碗，走十间地不落。"将碗悬挂在拳头下面，人握拳行走，即使走很远距离，碗也不会掉落。这种表演在民间广为流传，有人以"拳"为"掌"，叫作"手掌吸碗"或"掌下悬碗"。掌下怎能悬碗呢？原来，将碗置于掌上时，另一只手用力将碗底在掌上挤压，使掌上肌肉尽量填满碗底，这样在碗与掌中间就形成真空而产生负压，把碗与掌倒过来后，碗在重力作用下要下坠，若碗与掌接触部分不漏气，碗就会悬在掌下而不掉落。

2. "掬草飞蛾"实验

在古代中国，有许多电和磁方面的经验发现。在静电现象的发现中，较重要的有：晋代张华发现木梳与头发摩擦后的放电声与闪光（见本章第二节），猛然脱毛皮衣服时的静电放电火光。唐代段成式发现用手摩擦活猫后有静电火花和放电声。

段成式是个有心人，他在《酉阳杂俎》卷五《怪术》中记载了另一种摩擦起电现象的经验发现，原文如下：

[原文] 张取马草一掬，再三接之，悉成灯蛾飞。

1　本篇寓言选自王恒展等编：《中国古代寓言大观》（中），济南：明天出版社，1991，第390页。

[注释] 张：此处指张七政，古代幻术师，荆州人，生卒年代不详。王潜在荆州时，他儿子与张七政很是要好，他常向张七政学习戏法。掬：用双手捧。一掬：量词，一捧。挼（ruá）：揉、搓。悉：尽、全。

[译文] 张七政随即手捧一捧马草，反复搓揉，马草全都像灯蛾一样飞去。

[解说] 这是一个演示摩擦起电的实验。大家知道，某些干燥的绝缘体与其他干燥物相互摩擦后会起电，而且，用同种材料和方法经摩擦后得到的两个带电体，把它们放在一起时会相互排斥，所以，揉碎的马草由于同性相斥而像灯蛾一样飞去。

3. "塔影倒"

唐代段成式的一段"塔影倒"记载，引出了后人的许多争论。

[原文]《酉阳杂俎·前集·物革篇》：谘议朱景玄见鲍容说，陈司徒在扬州时，东市塔影忽倒。老人言，海影翻则如此。

[注释] 谘议：谘，同"咨"，咨议，古时备顾问的幕僚，就是当权者随时准备询问的幕僚。司徒：官名。

[译文] 咨议朱景玄看见鲍容说："陈司徒在扬州时，东市塔影倒了。听老人说，这是海翻的结果。"

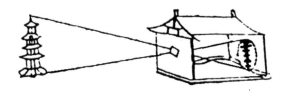

图3-27　塔影倒示意图

[解说] 这里的"塔影倒"是指通过窗隙小孔的寺塔影子倒立，如图3-27所示，这是小孔成影的结果。段成式在《酉阳杂俎》中做过记叙，并以听闻的"老人言"而释之。但段成式完全不能理解它，错误地把它说成是"海翻"的结果。

所谓"老人言"，大概是缺乏自然知识的民间传说。人们不知"塔影倒"的原因，认为塔影倒立是大海翻腾的缘故，这种解释显然不正确。因此，其后许多学者注意观察塔影现象。诸如宋代沈括、陆游，元代陶宗仪、杨璃，明代张居正、方以智，清代郑复光等，对此都有所论述。一则似是而非的记述和解释，却引起后人几百年的不断研究与争论，导致人们对小孔成像这一光学现象长久不衰的兴趣，也是好事。

图 3-28 小孔成像图

　　沈括毕竟不凡，《墨经》以来，只有他对此做了相当深刻的研究。在《梦溪笔谈》中以生动的事例对此做了科学的解释，并批判《酉阳杂俎》的"海翻则塔影倒"是"妄说也"。沈括这种超越同时代智力水平的程度，实在是令人吃惊。详见第四章。

第七节 《化书》中的光学实验

一、谭峭及其《化书》

1. 谭峭生平

谭峭（860 或 873—968 或 976），我国五代时著名道士和道学理论家，字景升，福建泉州人，唐国子司业（国子监副长官）谭洙之子。谭峭幼时聪颖，长大后博学能文，《全唐诗·谭峭小传》称其"博涉经史，属文清丽"。其父希望他遵循科举之路，走入仕途，但谭峭的爱好慢慢转向了神仙学，醉心黄老之术，并阅读了大量的道经。

唐末五代社会动乱，谭峭不求仕进荣显，而以学道自隐。但他十分关心世道治乱，民生疾苦，于是著《化书》六卷一百一十篇。他认为统治者的剥削、压迫，是造成人民痛苦、社会动乱的基本原因，统治者的骄奢淫逸、享乐腐化，是加重剥削压迫、激化社会矛盾的内在因素；提出统治者应用道化、术化、德化、仁化、食化、俭化，以医治社会弊病，实现天下太平。《化书》在一定程度上反映了人民企求安定生活的愿望。

图 3-29 谭峭像

2.《化书》简介

据《嘉兴府志》和陈景元《化书后序》载：谭峭著《化书》，他写成《化书》后，交南唐大臣宋齐丘，请其作序传世。宋齐丘遂占为己有，一时《化书》被名为《齐丘子》，以致南唐沈汾《续仙传》为谭峭立传时，未述及谭峭撰《化书》之事。后陈抟揭露宋齐丘欺世盗名的丑行，始正名为《谭子化书》，或称《化书》，从而恢复了历史的本来面目。《化书》是一部重要的道教思想著作，共一百一十篇。每篇多以某种现象来喻明哲理，所述现象涉及物理、化学、生物、心理及社会等各个方面，可见谭峭见多识广，学识渊博。

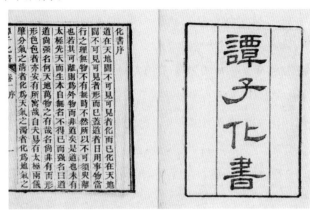

图 3-30 《化书》书影

二、《化书》中的光学成像

1.四镜

[原文] 小人常有四镜：一名圭，一名珠，一名砥，一名盂。圭视者大，珠视者小，砥视者正，盂视者倒。观彼之器，察我之形，由是无大小、无短长、无妍丑、无美恶。所以知形气谄我，精魄贼我，奸臣贵我，礼乐尊我。是故心不得为之君，王不得为之主。戒之如火，防之如虎。纯俭不可袭，清静不可侮，然后可以迹容广而跻三五。

[注释] 谄：超越本分。三五：指古代三皇五帝。

[译文] 我自己经常以四个物件为镜子：一个是玉璧，一个是珠子，一个是磨石，一个是钵盂。玉璧看起来比较大，珠子则看起来比较小；磨石看起来是突起的，是正的，钵盂看起来则是凹空的，是倒置的。通过对这些器物的观察，再对比看看自己的形体，于是在心中同等对待万物，没有大与小的

区别，没有长与短的区别，没有美与丑的区别，没有善与恶的区别。所以我明白，身体的形态和体内气血制约我，受生活习性熏染的魂魄在惑乱我，心怀叵测的人讨好我，国家的各种规章制度维护我。因此，心不能成为自己的心，就像国王不能成为一国之主。应该时刻保持警戒性，就像时刻保持对火灾的警戒一样；应该做好预防，就像防止老虎对人的伤害一样。这样，对身体内外的欲望和要求减少到最低，任何伤害都无法侵袭到自己；保持清静无为的状态，任何侮辱都无法降临到自己身上。随后，这样高深道德的事迹就广为流传并为众人所尊崇，从而跻身于德高望重的圣人之列。

[解说]《化书》中所述的四镜是四种什么镜？学术界意见分歧甚大。李约瑟首先将此四镜解释为透射镜类；王锦光则认为是反射镜类[1]；徐克明又主张是透镜，因《化书》中未明言四镜的属性，故而仁者见仁、智者见智。

"透镜说"的解释是，这可能是 4 种透镜，即圭为平凸透镜，珠为双凸透镜，砥为平凹透镜，盂为凹凸透镜。双凹和平凹为发散透镜，双凸和平凸透镜为会聚透镜。它们的形状分别如图 3-31 所示。也有人不同意这种说法。遗憾的是，谭峭的文字过于简略，后人难解其详，成为千古悬案。

《化书》中所说的大、小、正、倒的成像规律说明谭峭对光折射、反射规律的认识有一定的科学思想水平。

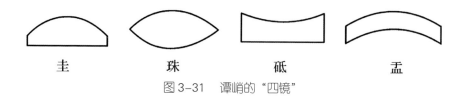

圭　　　　　珠　　　　　砥　　　　　盂

图 3-31　谭峭的"四镜"

2. 形影

[原文] 以一镜照形，以余镜照影。镜镜相照，影影相传，不变冠剑之状，不夺黼黻之色。是形也，与影无殊。是影也，与形无异。乃知形以非实，影以非虚，无实无虚，可与道俱。

1　见王锦光，洪震寰：《中国光学史》，长沙：湖南教育出版社，第 100-102 页。

[注释] 冠剑：古代官员戴冠佩剑，因以"冠剑"指官职或官吏。

黼黻 (fǔ fú)：指古代服饰上的华美花纹。

[译文] 用一只镜子照自己的形体，用其他的镜子照这一只镜子中的影像，影像在这些镜子中依次传递，影像的衣冠配饰丝毫不变，服饰上精美的花纹色泽丝毫不减。真实的形体与影像看起来没有差别，镜子中的影像与真实的形体看起来也是毫无二致的。于是可以明白，形体可以有非实体的形态，影像也可以有实体的形态。如果能达到无实体和有实体的和谐一致，就与道的本质相符合了。

[解说] 这段文字叙述了利用平面镜多次反射成复象，关于这种现象，《墨经》、《庄子》都有过记载。上面所提到的《淮南万毕术》对"潜望镜雏形"也有具体的描述。晋朝道家葛洪在《抱朴子·杂应》中写道："明镜或用一，或用二，谓之日月镜。或用四，谓之四规镜。四规者，照之时，前后左右各施一也。用四规所见来神甚多。"来神指像。这里所谓四规镜类似于现在的儿童玩具"万花筒。"

所谓"日月镜"，即两面平面镜平行相向放置，中间放物体，所得像无穷多。《化书》这条叙述即指这种装置，《化书》指出 "以一镜照形，以余镜照影（即像）。"镜可以照镜子，影又可以相传，这就说明为什么有"无穷"个像，而且进一步指明平面镜所成的像与物相同，即"形也与影无殊，影也与形无异"，也说明了为什么"无穷"个像是全同的。

第四章

———

宋元时期

第一节 历史与科学技术概述

公元 960 年，赵匡胤发动了"陈桥兵变"，夺取皇位，建立了宋朝，定都汴梁 (今开封)，史称北宋。钦宗靖康元年 (1126)，金兵攻入开封，北宋历经 167 年而亡。1127 年，宋高宗赵构在南京 (今河南商丘) 称帝，后建都临安 (今杭州)，史称南宋。南宋历经 153 年，于 1279 年为元所灭。宋朝存在于公元 960—1279 年，共三百二十年。

宋结束了五代十国的分裂局面，社会经济得到了恢复和发展。北宋中期，王安石实行变法，新法中的若干措施，如农田水利法等，有助于社会生产力的发展，为科学技术的发展创造了一定的条件。

在当时的中国境内，与宋朝对峙的先后有辽、金、西夏等少数民族政权。

公元 1206 年，成吉思汗统一了蒙古各部，建立蒙古政权，然后开始了西征和统一全国的行动，成吉思汗和他的继承者，先后攻灭了西辽、西夏、金等少数民族的政权。随后，忽必烈挥戈南下，灭了南宋，并按照汉族的传统封建制度和措施，建立了元朝。元朝是中国历史上第一个由少数民族建立的统一的全国性政权。元朝的统治不足百年，但对后世产生了重大影响。

元朝是继秦汉、隋唐之后，中国历史上又一次大统一的时代。这种大统一有利于社会经济文化的恢复和发展、科学技术的进步、各民族之间的互相融合和联系，中外交通和中外关系也更加密切。

两宋、辽、西夏、金和元代，统称宋元时期 (960—1368)。这 400 来年是中国科学技术发展的高峰，在科学技术的许多领域都取得了卓越的成就。宋代在建筑、机械、矿冶、造船、纺织、制瓷技术等方面都取得了较大的进展，医药学的发展出现了新的局面。指南针、活字印刷术和火药的发明，是宋代人民在科学技术上的重大贡献。

宋元时期也是我国古代物理学的鼎盛时期，可谓人才济济、硕果累累。

众多的科学家和能工巧匠，众多的科学发现、技术发明和科学巨著，为中华民族谱写了世界科技史上灿烂的篇章。

从宋初到元末，一个显著的特点是出现了一大批论述自然科学的典籍，其中记述了许多物理实验方面的知识：沈括的《梦溪笔谈》、赵友钦的《革象新书》、南宋程大昌的《演繁露》，以及苏颂的《新仪象法要》、曾公亮的《武经总要》、李诫的《营造法式》、元代王祯的《王祯农书》等大量的小说笔记，都是极有价值的科学著作。

这个时期，北宋大科学家沈括的名著《梦溪笔谈》中记载了丰富的物理知识，诸如对光学上凹面镜焦距的描述和有关"格术"的论述等。此外，沈括对漏壶一类计时器作出了中世纪时期最卓越的研究，他亲自设计制造了一种能精确计时的漏壶。这些研究成果在当时世界上都是领先的；宋末元初的学者赵友钦做了大型的光学实验，对小孔成像、照度和月相等问题做了实验研究；宋代高承的《事物纪原》和周密的《武林旧事》中均有关于影戏的描述。元代郭守敬利用小孔成像原理发明了仰仪和景符[1]。此外，关于色散知识也有大量记载，幻灯、影戏、以磷光物质作画等方面皆有长足的进步。陈椿在《熬波图》中以"莲管之法"测定盐水浓度，表现了当时人们的精巧构思和实验技巧。

1　仰仪，景符：中国古代天文观测仪器。

第二节 《梦溪笔谈》中的物理实验

一、沈括和《梦溪笔谈》

1. 沈括生平

沈括（约 1033—1097），北宋科学家、政治家，字存中，浙江钱塘（今杭州）人，出身于北宋一个官宦之家。父亲沈周曾经担任过润州、泉州知州以及江东按察使等职。沈括自幼随父亲外任，走过许多地方，大大开阔了他的眼界。沈括的母亲许氏，有文化教养。沈括与其兄沈披年幼时，许氏亲自教诲，既为母亲又兼启蒙教师，许氏对沈氏兄弟的影响很大。

沈括少年时代就喜欢读书，在母亲指导下，14 岁就读完了家中藏书。24 岁那年，沈括步入仕途，先是当主簿，而后当县令。这期间，他大兴水利，使七十万亩良田得到灌溉。他在 32 岁时，中了进士，过了不久，便到京城开封任职。他做过太史令、提举司天监、史馆检讨、集贤院校理等。宋神宗时，王安石实行新法，沈括积极参加王安石变法运动，始终支持新法。熙宁八年（1075），沈括出使辽国，驳斥辽的争地要求，次年任翰林学士，担任过管理全国财政的最高长官三司使等职务，整顿陕西盐政，元丰五年 (1082)，由于永乐城失守连累被贬。57 岁那一年，沈括到润州（今江苏镇江）定居，在镇江东部买了一座园子，说是和自己年轻时梦见的地方相似，因而起名叫"梦溪园"。 他一生中无论是做官还是退隐乡里，都没有放弃过科学研究。他的研究范围很广，用功极勤。举平生见闻而撰的《梦溪笔谈》，是他一生科学研究的总结。

沈括是历史上一个著名的学识渊博的人。他才华横溢，博物穷思，于各门科学都造诣极深。他研究的学问包括天文、气象、物理、化学、数学、地质、地理、生物、药物、医学以及文字、考古、历史、文学、音乐、图画等各方面，在不少学科中都取得了巨大成就。可以说，沈括是我国乃至世界少有的科学通才，是我国科学史上最卓越的人物之一，是一颗闪烁着智慧之光的灿烂明星。作为一个科学家，沈括的名字正在被越来越多的人所知晓。1979年，国际上曾以沈括的名字命名了一颗新星。他对科学的卓越贡献，也已被载入了世界科学史册。

2.《梦溪笔谈》简介

《梦溪笔谈》是沈括所著的笔记体著作。大约成书于1086—1093年，收录了沈括一生的所见、所闻，是一部百科全书式的著作，极富学术价值和历史价值，尤以其科学技术价值闻名于世。有关自然科学的条目约占全书的三分之一。内容包括天文、数学、地质、地理、气象、物理、化学、生物、农学、医药学、印刷、机械、水利、建筑、矿冶等各个分支。书中所记述的许多科学成就均达到了当时世界的最高水平。

《梦溪笔谈》全书26卷，又《补笔谈》3卷、《续笔谈》1卷，共30卷，计609条。《梦溪笔谈》26卷，分为17门，依次为"故事、辩证、乐律、象数、人事、官政、机智、艺文、书画、技艺、器用、神奇、异事、谬误、讥谑、杂志、药议"。其中大量篇幅记载了我国古代特别是北宋时期的自然科学成就。

在物理学方面，《梦溪笔谈》记述了算家所谓的"格术"，沈括以此阐述小孔成像和凹面镜成像的原理。另外，沈括还讨论了指南针的不同安

图4-1　沈括像

图4-2　梦溪园门庭

装方法，记录了"以磁石磨针锋"的指南针人工磁化方法及指南针"常微偏东，不全南也"的现象（《梦溪笔谈》卷二十四），从而发现了地磁偏角的存在。在声学方面，《梦溪笔谈》对共振等规律也有研究。沈括在琴弦上贴小纸人，以验证声音共振现象，沈括把这种现象叫作"应声"。用这种方法显示共振是沈括的首创，这比欧洲类似的发明大约要早七百年。

在光学方面，《梦溪笔谈》中记载有关于光的直线传播的知识，沈括在前人的基础上，对此有更加深刻的理解。为了说明光是沿直线传播的这一性质，他进行了这样的实验：在纸窗上开了一个小孔，使窗外的飞鸟和楼塔的影子成像于室内的纸屏上面。根据实验结果，他生动地指出了物、孔、像三者之间的直线关系。此外，沈括还运用光的直线传播原理形象地说明了月相的变化规律和日月食的成因。在《梦溪笔谈》中，沈括还对凹面镜成像、凹凸镜的放大和缩小作用作了通俗生动的论述。他对我国古代传下来的所谓"透光镜"的透光原因也做了一些科学解释，推动了后来对"透光镜"的研究。

《梦溪笔谈》详细记载了劳动人民在科学技术方面的卓越贡献，以及沈括自身的研究成果，反映了我国古代特别是北宋时期自然科学的辉煌成就，因而被誉为"中国科学史上的里程碑"。

《梦溪笔谈》这部书，科学内容丰富，见解精到，资料可信，无论在我

图 4-3　《梦溪笔谈》书影

国或是在世界科学史上，都享有很高的声誉，受到中外学者的一致好评。英国著名的科学史家李约瑟博士为沈括思维的精湛和敏捷惊叹不已，他在《中国科学技术史》中曾断言：沈括可以说是中国整部科学史上最卓越的人物；沈括的《梦溪笔谈》是中国科学史上的坐标。

二、《梦溪笔谈》中的物理实验

1. 阳燧

[原文] 阳燧照物皆倒，中间有碍故也。算家谓之"格术"。如人摇橹，臬为之碍故也。若鸢飞空中，其影随鸢而移；或中间为窗隙所束，则影与鸢遂相违，鸢东则影西，鸢西则影东。又如窗隙中楼塔之影，中间为窗所束，亦皆倒垂，与阳燧一也。阳燧面洼，以一指迫而照之则正，渐远则无所见，过此遂倒。其无所见处，正如窗隙、橹臬、腰鼓碍之，本末相格，遂成摇橹之势。故举手则影愈下，下手则影愈上，此其可见。（阳燧面洼，向日照之，光皆聚向内。离镜一二寸，光聚为一点，大如麻菽，著物则火发，此则腰鼓最细处也。）岂特物为然，人亦如是，中间不为物碍者鲜矣。小则利害相易，是非相反；大则以己为物，以物为己。不求去碍，而欲见不颠倒，难矣哉！（《酉阳杂俎》谓"海翻则塔影倒"，此妄说也。影入窗隙则倒，乃其常理。）

[注释] 阳燧：古时用以从日光取火的凹面镜，使日光聚于焦点，使放在焦点的易燃物燃烧起来。碍：碍是障碍，这里指光线聚集点，即焦点。臬(niè)：小木桩，这里指橹的支柱。鸢(yuān)：鸢鹰。"阳燧面洼……过此遂倒"一句：沈括以手指为物、人的眼睛为受像器对凹面镜成像进行了实验研究。人的眼睛与手指之间的距离在一尺左右。沈括实验观察所得情况如下。

如图4-4所示，当手指放在镜面与焦点之间时，人的眼睛处在反射光束之中，见竖立的虚像在镜面之后，故曰"以一指迫而照之则正"。

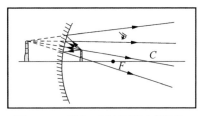

图4-4 "以一指迫而照之则正"

如图 4-5 所示，当手指逐渐移入焦点 F 与球面中心 C 之间时，倒立的实像成于人的眼睛之后，而人的眼睛不易接收反射光束，故曰"渐远则无所见"。

如图 4-6 所示，当手指移出 C 之后，倒立的实像成于 F 与 C 之间，且人的眼睛处在反射光束之中，故曰"过此遂倒"。

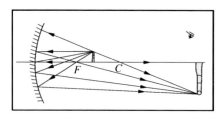

图 4-5　"渐远则无所见"

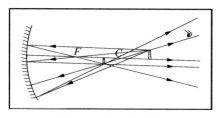

图 4-6　"过此遂倒"

腰鼓：古代的腰鼓中间细两头粗。格：相反相抗的动作。菽（shū）：豆子。

[译文] 阳燧照出的物影都是倒的，因为中间有"碍"。数学家把研究这种现象的学问叫作"格术"。比如人行船摇橹，作支点的桌就是"碍"。如鹞鹰在空中飞，它的影子随鹞鹰而移动；如果鹞鹰和影子中间被窗孔把光线约束，影子与鹞鹰就朝相反方向移动，鹞鹰向东则影子向西，鹞鹰向西则影子向东。又如楼塔通过窗孔所成的影像，由于光线被中间的窗孔所约束，影像都是倒的，和阳燧成倒像是一个道理。阳燧面是凹的，用一个指头靠近镜面照出的影像是正的，手指渐渐离开到一定位置就看不见影像了；超过这个位置，影像就倒立了。那个看不见影像的地方，正如窗上的孔、橹的桌、腰鼓的腰构成了"碍"一样，使光线两端的位置相反，就形成了摇橹的那种情况。所以手向上举，影子向下；手向下，影子向上，这是很明显的。（阳燧表面是凹的，对着太阳照，光都向中间会聚。在离镜面一二寸的位置，光汇聚成一点，像芝麻、豆子那样大，放一个东西在那里就会着火，这就是腰鼓最细的地方。）岂止物体是这样，人也是如此，中间不被某些事物所障碍的事情太少了：小则把利害颠倒，是非混淆；大则把自己当成世界万物的本原，将万物从属于自己。不设法除去"碍"，而想让事物不致颠倒，那太难了！（《酉阳杂俎》说"海翻则塔影倒"，这是妄说。影子通过窗孔形成了倒像，这是通常的道理。）

[解说] 凹面镜成像和小孔成像的现象，早在战国初《墨经》上就有记载。沈括用生动的比喻对小孔成像和凹面镜成像作了更为形象的描述，更容易理解。

鸢影"为窗隙所束"是小孔成像现象。如图 4-7 所示，鸢是物，影是物的像，从物发出的光沿直线前进，又都通过小孔，所以物向东则像向西，物向西则像向东。光线好像一支橹，小孔就像橹的支柱，支点不动，首尾则向相反的方向运动。

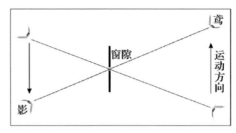

图 4-7　小孔成像示意图

飞鸟经过小孔成像的影子，其运动方向与飞鸟相反（图 4-7）。目睹这一现象古人当然感到惊讶。沈括在此将静物与运动物体通过小孔成像联系在一起，又将小孔成像与阳隧照物归属同类。他认为，光线直进以及过小孔或阳隧焦点的光线"本末相格"，因而造成倒像，并以此解释"塔影倒垂"的现象。他认为"塔影倒"正是前述小孔成影的结果。

2. 透光镜

[原文] 世有透光鉴，鉴（皆）[背] 有铭文，凡二十字，字极古，莫能读。以鉴承日光，则背文及二十字，皆透在屋壁上，了了分明。人有原其理，以谓铸时薄处先冷，唯背文上差厚，后冷而铜缩多。文虽在背，而鉴面隐然有迹，所以于光中现。予观之，理诚如是。然予家有三鉴，又见他家所藏，皆是一样，文画铭字无纤异者，形制甚古。唯此一样光透，其他鉴虽至薄者皆莫能透。意古人别自有术。

[注释] 鉴：铜镜。透光鉴：又名幻镜，是古代一种青铜铸的镜子，背面有花纹和文字。当光照射镜的正面反射到壁上时，背面的花纹和字都显现出来，好像光透过镜子似的，所以叫作透光镜。铭文：古代铸或刻在器物上的文字。差厚：稍厚。

[译文] 世上有一种透光镜，镜背面有铭文，共二十字，文字极古，认不出来。用此镜接受日光，则背面的花纹和二十个字都透射在屋内墙壁上，

很清楚。有人解释说，由于铸造时薄处先冷，唯独有字和花纹的地方由于较厚、冷得慢，以致铜收缩得多一些。字和花纹虽在背面，可是镜的正面也隐约有痕迹，所以在光中显现。我看了此镜，认为道理确实如此。我家有三块这样的镜子，又见别人家所收藏的，都是一样，花纹和铭字丝毫不差，样式很古老。只有这一种镜子可以透光，别的镜子虽然也有很薄的，都不能透光。想必古人自有独特的制法。

图4-8　透光镜（右下为墙上出现的与背面图形相似的花纹轮廓）

[解说]　这里说的"透光鉴"是一种特制的铜镜，镜背面的花纹和铭字都是凸起的。用这种铜镜反射日光，墙上出现与背面图形相似的花纹轮廓，好像光会从镜中透过似的，所以称透光鉴。

实际上金属镜面是不会透光的，也不会是由于模仿铭文在镜面镶上反射率不同的材料而引起的，因为反射率差异达到这种程度必然很容易看出来。沈括经过研究指出镜面上与背文相对应的地方向下缩了一些，"隐然有迹"。这一判断是合理的。如果镜面上有浅而圆滑的沟槽，则这一部分镜面就有聚光的作用。沟槽的中央曲率最大，光线会聚在较近处；两侧曲率变小，光线就在远处汇聚。远近都有光线汇聚，所以总会有花样出现。由于沟槽很浅，又圆滑无棱，所以直视镜面时很难发觉。

有人推测这种沟槽不是在铸造时形成的，而是在镜面上再加工成的。因为铸成的镜坯表面的高低起伏远大于成品的沟槽深度。有人曾做过模拟实验，在一块金属凸面镜上，用手工补充研磨抛光法磨出花纹槽沟，肉眼极难察见，反光时却有"透光"的效果。

沈括对透光镜的解释，说厚处铜缩得多，基本上是正确的，但还不完全，可能古人另有制造的方法。在制造透光镜的工艺中有一道用磨刮器磨光的工序，是造成正面有痕迹的重要原因。

现今上海博物馆珍藏有一面传世的透光古镜（图 4-9），正面可以照人，背面有"见日之光天下大明"八个字和一些图案花纹。把它的正面对着日光，就可以在墙壁或天花板上获得一个与背面图案相同的投影像。

(a) 背面　　　　　　　(b) 正面　　　　　　　(c) 成像效果

图 4-9　上海博物馆珍藏的透光古镜

一直到 20 世纪 70 年代，上海博物馆的研究人员和有关科技工作者合作研究，经多次模拟试验，终于揭开了蒙在透光镜上的神秘面纱。原来制造透光镜的关键有两点：一是铸造过程中的冷却凝固工艺；另一个是研磨抛光工艺。铜镜在浇铸后迅速冷却时，镜背的花纹凹凸处不均匀地凝固收缩，镜面就会产生与镜背相应的轻微起伏，在物理上称为微观曲率，肉眼难以觉察。镜面研磨抛光时，又会产生新的弹性形变，便进一步增添了镜面的起伏。因此，当日光或聚集灯光直接照射在轻微凹凸的镜面上，反射在墙上的图像就会有不同层次的亮度，呈现出与镜背相同的图像，产生了所谓的"透光"效应。

3. 凹凸镜

[原文]　古人铸鉴，鉴大则平，鉴小则凸。凡鉴洼则照人面大，凸则照人而小。小鉴不能全观人面，故令微凸，收人面令小，则鉴经小而能全纳人面。仍（复）[覆] 量鉴之小大，增损高下，常令人面与鉴大小相若。此工之巧智，后人不能造，比得古鉴，皆刮磨令平，此师旷所以伤知音也。

[注释]　鉴：镜，古时鉴是青铜铸的。凸：突出。洼：凹进去。增损：

增加，减少。相若：相似，相等。师旷：我国春秋时期晋国著名的乐师。师是乐师，旷是名。知音：精通音乐的人，这里比喻知己者。伤知音：由于知音的人少而伤心。

[译文] 古人铸造铜镜时，大镜子就做成平的，小镜子就做成有点凸的。凡是凹面的镜子照出来的人脸就大，凸面的镜子照出来的人脸就小。平面的小镜子看不见人脸的全貌，所以让它稍微凸一点，以便使人脸的像变小，这样，镜子虽小，仍然可以照全人脸。铸镜时就要根据镜子的大小，来改变镜子凸凹的程度，使人脸的像与镜子的大小相当。这是当时工人的技巧和智慧，后人不能理解，近来人们一旦得到古镜，都把它刮磨成平的，这正是师旷哀叹缺少知音的缘故。

图4-10　八卦凸镜　　　　　图4-11　古代铜镜

[解说] 我国制造铜镜技术，早在春秋时代就已相当发达。当时墨家著的《墨经》，就有关于凸面镜成像的论述（参看第二章）。沈括正确地描述了镜面曲率与成像大小的关系，反映了古代劳动人民的智慧和制镜工艺水平。这一技术至今仍被广泛采用。

4. 纸人共振实验

沈括最早描述了演示弦线共振的实验方法，即著名的"纸人共振"实验，他在《梦溪笔谈》中写道：

[原文] 欲知其应者，先调诸弦令声和，乃剪纸人加弦上，鼓其应弦，则纸人跃，他弦即不动。

[注释] 应：共振。弦：琴弦。

[译文] 要想知道某一根弦的应弦，可以先把各条弦的音（依五音声阶）调准，然后剪纸人放在这根弦上，这样一弹它的应弦，纸人就会跳动，弹其他弦，纸人则不动。

[解说] 所谓共振，是指一个物体振动的时候，另一个物体也随着振动的现象。发生共振的两个物体，它们的固有频率一定相同或成简单的整数比。如弹动"哆"弦，别的"哆"弦也动，弹动"咪"弦，别的"咪"弦也动。这样，就极容易让人识别发生共振的那些弦线。

图 4-12　纸人共振实验示意图

早在沈括以前，就已经有人做过"瑟弦相应"实验，战国时庄子（约前369—前286）在他的著作中就提到一个叫鲁遽的人："为之调瑟，废（置）于一堂，废于一室，鼓宫宫动，鼓角角动，音律同矣。"只不过"纸人共振"实验更为直观和有趣罢了。

5. 指南针

沈括对指南针制造中的磁化方法、安装方式、指极性、磁偏角等都有记述，他在《梦溪笔谈》卷二十四《杂志一》中写道：

[原文] 方家以磁石磨针锋则能指南，然常微偏东，不全南也。水浮多荡摇，指爪及碗唇上皆可为之，运转尤速，但坚滑易坠，不若缕悬为最善。其法取新纩中独茧缕，以芥子许蜡缀于针腰，无风处悬之，则针常指南。其中有磨而指北者，余家指南、北者皆有之。磁石之指南犹柏之指西，莫可原其理。

[注释] 方家：方术者，风水师或占卜家。针锋：针尖。荡摇：晃荡。指爪：指甲。碗唇：碗边。不若：不如。缕：线。最善：最好。纩：丝绵。

独茧缕：单根蚕丝。芥子许：如芥菜籽大小。犹：犹如。莫可：没有什么可以，无法。柏之指西：古代有柏树生长向西偏的说法。

[译文] 方术者用磁石摩擦针尖就能使它指南，但常略微偏东，不完全正南。针浮在水面上常晃荡，在指甲和碗边上都能放置，运转尤为快捷，但坚硬光滑容易坠落，不如用丝悬挂最好。其方法是取新缲的单根蚕丝，用芥菜籽大小的蜡粘连在针的腰部，在没有风的地方悬挂起来，针就常指南方。其中有摩擦后指北的，我家指南、指北的针都有。磁石针指南方，犹如柏树

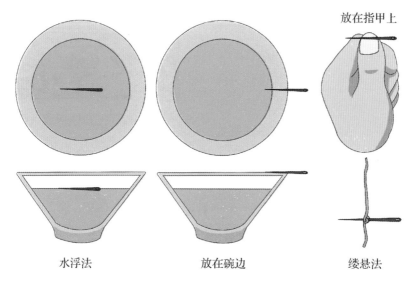

放在指甲上

水浮法   放在碗边   缕悬法

图4-13　沈括所述指南针的四种装置方法

偏西生长，无法追究其中的道理。

[解说] 指南针是我国古代四大发明之一。早在公元前三世纪，我国人民就运用天然磁石制成"司南"指示方向，这是世界上最早的指南装置。到了宋朝已经出现了人工磁化的铁针。在上述记载中，沈括不仅谈了人工磁化铁针的方法，而且具体地比较了指南针的四种装置方法（图4-13），其中"缕悬法"最好、最科学。这些方法在近代制作罗盘和地磁测量仪器时仍然被采用。沈括观察非常仔细，他指出指南针指向"常微偏东，不全南也"。这是关于地磁偏角的发现和描述，由于地磁偏角的发现，指南针的应用才算

进入了科学阶段。

6. 虚能纳声

早在战国时，墨家就已发明埋缸听声的方法，就是采用地听器，用来侦探敌方的行动（见第一章），地听器在唐宋两朝均有所发展。沈括在《梦溪笔谈·器用》中对此做出了解释，原文如下：

［原文］古法以牛革为矢服，卧则以为枕。取其中虚，附地枕之，数里内有人马声，则皆闻之。盖虚能纳声也。

［注释］矢服：箭袋，盛箭器，如图 4-14 所示。附地：贴着地面。纳声：接纳声音。

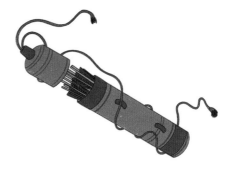

图 4-14　矢服（箭袋）

［译文］古法用牛皮做箭袋，睡觉时当枕头。利用它中间空虚的特点，放在地上枕着，几里内有人马声都能听见，因为空虚能接纳声音。

［解说］地听器的原理：其一是声波通过土地介质传播，声波的传播速度与介质密度成正比，土石的密度比空气的密度大得多，所以声波经土地介质的传播比在空气中传播的速度大得多；其二是声波通过地层传到箭袋时，引起袋内空气柱发生共振，即现代物理学上的"气柱共振"现象，这就导致了沈括所说的"虚能纳声"。

第三节 《革象新书》中的光学实验

我国古代光学有着许多辉煌的成就，如对小孔成像等现象，很早就有研究。如前所述，《墨经》、《梦溪笔谈》在这方面都有记载。对小孔成像与照明度最有研究并最早进行大规模实验的当推赵友钦。他的这些实验在世界物理学史上是首创的，记载在赵友钦所著《革象新书》的"小罅光景"那一部分中。

一、赵友钦及其《革象新书》

1. 赵友钦生平

赵友钦，又名钦，字子恭，自号缘督，人称缘督先生或缘督子，鄱阳（今江西鄱阳）人。他是宋室汉王第十二世孙。生卒年代不可确考，但可以肯定早于郭守敬（1231—1316）。南宋末年，为了避祸，隐遁于道家，奔走他乡。住过江西德兴，后迁往龙游（今浙江衢州龙游），在县东鸡鸣山定

图 4-15 赵友钦像

图 4-16 赵友钦画像

居，并在山上筑观象台（又名观星台），观察天象。时常外出游学，深入自然，接触实际，足迹遍及衢州、金华等地。曾往东海独居十年，注释《周易》。死于龙游，葬在鸡鸣山，后人为他立祠建庙以为纪念。赵友钦学问广博，对于天文、数学、光学都有较深的研究。

明代王祎曾整理他的《革象新书》，在序言中说："其学长于律法算数，而天官星家之术尤精"。清代《四库全书提要》说他"覃思推究，发前人所未发"，"在元以前谈天诸家尤为有心得者"。赵氏生平著作颇多，知有书名的有《金丹正理》、《盟天录》、《缘督子仙佛同源论》、《仙佛同源》、《金丹问难》、《推班立成》、《三教一源》、《革象新书》等多种。就这些书名来看，赵友钦的工作主要集中于道教、炼丹术、天文、物理、化学诸方面。赵友钦著作虽然很多，但绝大部分都已佚失，正如明代的著名学者宋濂在其序中所说："先生之《易》已亡于兵烬，所著兵家书暨神仙方技之言亦不存，其所存者仅此而已"。由此可知赵氏著作的概况。所谓"所存者仅此"是指《革象新书》，此书共五卷。赵氏生前不曾刊行，授予学生朱晖，朱晖再传给章浚，章加以整理修改，并请宋濂作序，刻板付印。此书后又经明代王祎删削为两卷本印行。这两种版本现在皆有传世。

赵友钦在科学史上贡献很多，其中最为人们乐于称道的是他为模拟日月食而设计的大型小孔成像实验。在这个实验中，他设计了可控制形状、强度的广延光源，分别考察像距和物距对成像结果的影响；光源的强度、形状，孔的大小、形状对成像的作用；像的大小与照度变化规律等诸多因素，并运用光线直进和光的独立传播这两个几何光学基本原理对实验现象作了正确解释。在 13、14 世纪，他的这一实验是空前的。实验的具体内容下面介绍，这里不再多说。

2.《革象新书》简介

《革象新书》主要讨论天文问题，但书中很少涉及星家占验之语，主要论述天文学基本问题，可以说是一本纯粹的自然科学著作。该书在天文和物理方面多有创见，是科学史上的重要典籍。《革象新书》有一特点：

它侧重于从物理角度讨论问题。这在古代天文学著作中并不多见。例如书中多处用视物近大远小这一视觉现象来说明其所论的问题。

《革象新书》也涉及光学和数学，有不少精辟的见解，在光学方面记载有照度等问题。

但最精彩的是小孔成像部分，主要在"小罅光景"一节中，这是光学史上极其宝贵的材料。

图 4-17　《革象新书》的书影

二、赵友钦小孔成像实验

[原文] 小罅光景

室有小罅，虽不皆圆，而罅景所射未有不圆。及至日食，则罅景亦如所食分数。罅虽宽窄不同，景却周径相等，但宽者浓而窄者淡。若以物障其所射之处，迎夺此景于所障物上，则此景较狭而加浓。予始未悟其理，因熟思之。

凡大罅有景，必随其罅之方、圆、长、短、尖、斜而不别，乃因罅大而可容日月之体也。若罅小，则不足容日月之体，是以随日月之形而皆圆，及其缺则皆缺。罅渐窄，则景渐淡。景渐远，则周径渐广而愈加淡。大罅之景，渐远亦渐广，然不减其浓。此则浓淡之别也。

假如两间楼下各穿圆阱于当中，径皆四尺余：右阱深四尺，左阱深八尺。

置桌案于左阱内，案高四尺，如此则虽深八尺，只如右阱之浅。作两圆板，径广四尺，俱以蜡烛千余支密插于上，放置阱内而燃之，比其形如日月。更作两圆板，径广五尺，覆于阱口地上。板心各开方窍，所以方其窍者，表其窍小而景必圆也。左窍方广寸许，右窍方广寸半许。所以一宽一窄者，表其宽者浓而窄者淡也。

于是观其楼板之下，有二圆景，周径所较甚不多，却有一浓一淡之殊。详察其理：千烛自有千景，其景皆随小窍点点而方。烛在阱心者，方景直射在楼板之下；烛在南边者，方景斜射在楼板之北；烛在北边者，方景斜射在楼板之南。至若东西亦然。其四旁之景斜射而不直者，缘四旁直上之光障碍而不得出，从旁达中之光，惟有斜穿出窍而已。阱内既已斜穿，窍外止得偏射。偏中之景，千数交错，周遍叠砌，则总成一景而圆。所以有浓淡之殊者，盖两处皆千景叠砌，圆径若无广狭之分，但见其窍宽者所容之光较多，乃千景皆广而叠砌稠厚，所以浓。窍窄者所容之光较少，乃千景皆狭而叠砌稀薄，所以淡。

于是向右阱东边减却五百烛，观其右间楼板之景，缺其半于西，乃小景随日月亏食之理也。又灭左阱之烛，但明二三十支，疏密得所。观其楼板之景，虽是周圆布置，各自点点，为方不相黏附而愈淡矣；又皆灭而但明一烛，则只有一景而方。缘为窍小而光形尤小，窍内可以尽容其光，却为大景随空蟀之象矣。若依旧皆燃左阱之烛，则左景复圆。

别将广大之板二片，各悬于楼板之下，较低数尺，以障楼板而迎夺其景。此景较于楼板者敛狭而加浓。所以迎夺其景者，表其景近则狭而浓，远则广而淡也。烛光斜射愈远，则所至愈偏，则距中之数愈多。围旁皆斜射，所以愈偏则周径愈广。景之周径虽广，烛之光焰不增，如是则千景展开而重叠者薄。所以愈广则愈淡，亦如水多则味减也。然其板不可侧高偏低，否则景不正圆而长。

于是去其所悬之板，举其左阱连板之烛，彻去阱内桌案，复燃连板之烛，置于阱底而掩之。窍既远于烛，景则敛而狭。所以敛狭者，盖是窍与烛相远，则斜射之光敛而稍直。光皆敛直，则景不得不狭。景狭则色当浓，烛远则光必薄，是以难于加浓也。先论景距窍之远近，此复论烛距窍之远近。景之远近在窍外，烛之远近在窍内。凡景，近窍者狭，远窍者广；烛远窍者景亦狭，烛近窍者景亦广。景广则淡，景狭则浓。烛虽近而光衰者景亦淡，烛虽远而光盛者景亦浓。由是察之，烛也、光也、窍也、景也，四者消长胜负，皆所当论者也。

于是彻去所覆两阱之板，别作圆板二片，径广尺余。右片开方窍，方广四寸；左片开尖窍，三曲皆广五寸余。各于索悬于楼板之下，令其可以渐高渐低。所以渐高渐低者，表其景之远广而近狭也。仰观楼板之景，左尖右方；俯视烛光之形，左全右半。此则大景随空之象，各自方尖，不随烛光而圆缺也。然阱大而板窍仍小，窍于楼板较近，近则虽小犹大。方尖窍内可以尽容烛光之形也。原尖小窍之千景，似乎鱼鳞相浓，周遍布置。大罅之景千数，比于沓纸重叠不散，张张无参差。由此观之，大则总是一阱之景，似无千烛之分；小则不睹一阱之全，碎砌千烛之景。是故小景随光之形，大景随空之象，断乎无可疑者。

[注释] 罅：孔。景：像，影。浓淡：照度，亮暗。阱：坑。叠砌：叠加。敛：收住，约束。周径：原意是孔圆周与直径的比值，此处指光斑大小。盛衰：光源的强弱。

[解说] 以上是赵友钦所述及的"小罅光景"的全部文字。

上面是实验性的文字记述，因原文较长，我们不再作"译文"，仅对它的要点作一些解释。

"小罅光景"中介绍了两类关于小孔成像的光学实验：

第一类实验是利用壁间小孔成像；第二类实验则是在楼房中进行的更为复杂的一个大型实验。

关于第一类实验，他说："壁上有小孔，日光或月光通过壁间小孔成像，小孔虽然不圆，但所得到的像都是圆形。日食的时候所观察到的像和日食的分数相同。小孔的宽窄虽有不同，但像的大小相等，只是孔宽者浓，而孔窄者淡（即照度不同）。如果把像屏移向小孔，则像变小，照度加大。"

起初他不明其理，对此现象进行了深入思考。经过反复实验，他终于悟出其中道理。凡是大孔成像，如果壁上的孔相当大，像必随其孔的方、圆、长、短、尖、斜而变化，"乃因孔大而可容日月之体也。若孔小，则不足容日月之体，是以随日月之形而皆圆，及其缺则皆缺"。如果把小孔逐渐缩小，则像逐渐变淡。如果把像屏逐渐移远，像逐渐加大而照度减小。大

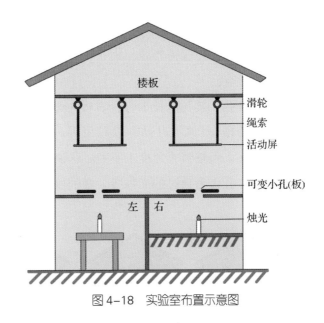

图 4-18　实验室布置示意图

孔成像，渐远则像逐渐加大，但浓度（照度）不减[1]。

通过这类实验，赵友钦得到了小孔成（倒）像的基本规律。

关于第二类实验，如前所引赵友钦《小罅光景》的全文，可见他设计了一个特殊的实验室，用以演示小孔成像。其实验室布置、实验步骤、结论及理论分析都叙述得清清楚楚、条理分明。

实验室布置如图 4-18 所示，分别在楼下两个房间的地面上挖两个直径为 4 尺多的圆阱，右阱深 4 尺、左阱深 8 尺。在左阱中放一张 4 尺高的桌子。两块直径约 4 尺圆板分置左、右阱内，一千多支点燃的蜡烛密插在阱底（或桌面上）作为光源。阱口覆盖直径 5 尺的圆板，板心开方孔。

为什么作如此布置呢？原因是：蜡烛放在阱内，烛焰比较稳定；而且光源被封闭在圆阱中，光线只能从板孔中穿出，这样使得观察比较容易，结果更准确。另外，在地下深挖圆阱，增加了光源与像屏之间的距离，使调节范围扩大。同时，使用了光强度很大（最多时一千支烛）、强度可变的光源，甚至可以在白天进行实验。可见，这个实验的设计者真是独具匠心。

1　浓度（照度）不减，这话不确切，实际上照度微有减小。——王锦光《中国光学史》。

实验按以下步骤进行。

第一步，首先保持光源、小孔、像屏三者距离不变，观察孔的大小和形状对像的影响。

左板开孔，其孔边长 1 寸；右板孔边长 1.5 寸。其他条件如上所述均不变。像屏为楼板（图 4-19A）。实验发现，小孔虽方，其像却是圆的；两个像大小差不多，但浓淡（照度）不同。这说明当光源、小孔和像屏三者距离保持不变时，孔大者通过的光线多，像的照度大；孔小者，通过光线少，像的照度小。

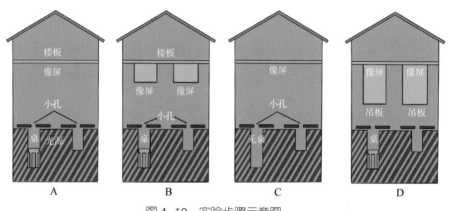

图 4-19 实验步骤示意图

赵友钦解释说：对一支蜡烛来说，其光焰尺度可以与方孔的大小相比拟，所以这不是"小孔成像"，"其景随小窍点点而方"。但对密集成圆形的一千多支蜡烛来说，光源的尺度比方孔大得多，这时就变成"小孔成像"了。他还对像的浓淡作了这样的分析："两处皆千景叠砌，圆径若无广狭之分，但见其窍宽者所容之光较多，乃千景皆广而叠砌稠厚，所以浓。窍窄者所容之光较少，乃千景皆狭而叠砌稀薄，所以淡。"在这里，"景"的"叠砌稠厚"或"叠砌稀薄"已暗含了光的叠加原理。

第二步，变更光源大小与强度，观察像的变化。

这是做"小景随日月亏食"的模拟实验，将右阱东边减掉 500 烛，观其右间楼板上的影缺其半于西，这是小影随日月亏食之理。

接着灭去左阱中大部分蜡烛，只点燃疏密相间的 20 ～ 30 支烛。楼板上的像为不相连的点点"方景"组成的一个圆形，像就很淡了。这部分实验隐示了距离不变时，物体上的照度正比于光源强度，并且直观地表明，像屏上圆形的像的确是由一些小方斑组成。最后，左阱减为一支烛光，此时仅见一"方景"。"缘为窍小而光形尤小，窍内可以尽容其光。"如果把左阱的蜡烛重新全部点燃，则左边的像变成圆形。

第三步，改变小孔至屏的距离，即改变像距。

另用两块大木板挂在楼板之下数尺处，作为像屏，即可改变像距，如图4-19B。通过实验他发现：像的大小与照度随着像距而变化，像距小则像小而照度大，像距大则像大而照度小。这是因为"烛光斜射愈远，则所至愈偏，则距中之数愈多。围旁皆斜射，所以愈偏则周径愈广。景之周径虽广，烛之光焰不增，如是则千景展开而重叠者薄。所以愈广则愈淡，亦如水多则味减也"。这个解释暗含：在通过孔射到像屏上的光通量一定的条件下，像越大（像距越大），照度就越小。他发现了照度随像距增大而减小的定性规律。

此外，赵友钦还提醒实验时要注意像屏不可倾斜，否则得到的像不是正圆而是椭圆形。

第四步，改变光源与小孔的距离，即改变物距。

拿走左阱中的桌子，把点燃的蜡烛放到阱底，这就是说，左阱物距增加4尺（图4-19C），所成的像小而狭。原因在于："窍与烛相远，则斜射之光敛而稍直。光皆敛直，则景不得不狭。"至于照度，他说："景狭则色当浓，烛远则光必薄，是以难于加浓也"。

赵友钦对上述四个步骤作了如下的简单小结：

"景之远近在窍外，烛之远近在窍内。凡景，近窍者狭，远窍者广；烛远窍者景亦狭，烛近窍者景亦广。景广则淡，景狭则浓。烛虽近而光衰者景亦淡，烛虽远而光盛者景亦浓。由是察之，烛也、光也、窍也、景也，四者消长胜负，皆所当论者也。"这就是说物距、像距、光源强度和孔都影响像的大小与浓淡，而且，他也注意到了两个参数同时变化时像的相长相消现象。

由此可见，他关于小孔成像的实验结论是完全正确的。

第五步，改变孔的大小与形状，以观察大孔成像情形。

撤去了覆盖在阱口的两块板，换上直径 1 尺多的圆板，右板中心开边长为 4 寸的方孔，左板开边长 5 寸多的三角形，各以绳索吊在楼板底下（图 4-19D），可以调整高低，目的在于同时改变像距与物距。当物距小时则像距大，物距大则像距小。此时把左边的蜡烛拼成圆形，右边的蜡烛拼成半圆形。抬头看楼板上的像，左边是三角形，右边是方形，可见这时的像只随孔的形状而变化，不随光源的形状而变化。这就说明大孔成像（明亮部分）和小孔成像是不同的。

赵友钦解释说：第一，尽管阱的直径大而板孔仍小，但阱底光源离板孔较远，故"远则（光源）虽大犹小"。第二，孔离楼板较近，"近则（孔）虽小犹大"，所以"方尖窍内可尽容烛光之形"。

由于蜡烛与像屏（楼板）的位置固定，孔距楼板越远，则所成的像（明亮部分）越大，反之，孔距楼板越近，则像越小。

他得出结论："由此观之，大（窍）则总是一阱之景，似无千烛之分；小（窍）则不睹一阱之全，碎砌千烛之景。是故小景随光之形，大景随空之象，断乎无可疑者。"这段话可解释为：在孔大时，所成的像（明亮部分）和大孔形状相同；在孔小时，所成的像和光源的形状相同。这个结论是正确的。

由此可见，凡是小孔成像所涉及的因素赵友钦几乎都作了探讨。非但如此，他还从理论上对实验现象进行解说，对于小孔成像的大小、形状、浓淡、正倒等都有正确的解释，其解说的出发点是像素叠加和光行直线，这是正确的。总之，赵友钦的小孔成像实验构思是很巧妙的。

赵友钦的实验在 13—14 世纪之交，无论从实验室规模、烛光数之多、实验步骤之详以及定性的实验结论之正确，都可以看作中世纪最大型、最周全的光学实验。

赵友钦既重视实验，又重视理论探索。在安排实验步骤时，每个步骤都确定一个因素作为研究对象，而将其他的因素控制不变。这种思想方法和研究方法也是十分科学的。

如果把赵友钦称 13 世纪末的光学实验物理学家，他是当之无愧的。

三、月亮盈亏的模拟实验

赵友钦曾用实验模拟研究了月亮的盈亏，在《革象新书》中这样记载：

[原文] 月体半明

以黑漆球于檐下映日，则其球必有光，可以转射暗壁。太阴圆体，即黑漆球也。得日映处，则有光，常是一边光，而一边暗。若遇望夜，则日月躔度相对，一边光处全向于地，普照人间，一边暗处全向于天，人所不见。以后渐相近而侧相映，则向地之边光渐少矣。至于晦朔，则日月同经，为其日与天相近，月与天相远，故一边光处全向于天，一边暗处都向于地。以后渐相远而侧相映，则向地之边光渐多矣。由是观之，月体本无圆缺，乃是月体之光暗，半轮转旋，人目不能尽察，故言其圆缺耳。

[注释] 太阴：常指月亮，是月亮的别称。望夜：农历十五日之夜，满月。躔（chán）度：日月星辰运行的度数，天体运行的轨迹。晦朔：农历每月末一日及初一日。同经：即同径，在同一半径上。半轮：指半圆的月亮，或半圆形。月相：地球上看到的月球被太阳照明部分。

[译文] 悬挂一黑漆球于屋檐下，比作月球，反射太阳光，黑漆球总是半个球亮半个球暗。人从不同位置去看黑球，看到黑球反光部分的形状不一样（图 4-20）。

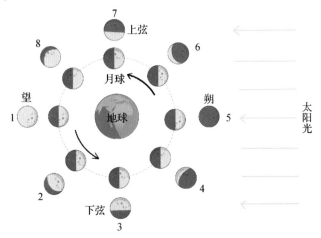

图 4-20　月相示意图

如在农历十五日之夜（图4-20中月的位置1），日月的黄经度相差180度，一边光处全向于地，圆月普照人间，一边暗处全向于天空，人所不见。之后月相逐渐变小（图4-20中月的位置2、3、4），因为日月渐相近而阳光照侧面，则向地之边光渐少。到了农历月末（图4-20中月的位置5），则日月同经（日和月在地球同侧，日月的黄经度数相同），因为日与天相近，月与天相远，故一边光处全向天，一边暗处都向地，于是不见月光。之后月相逐渐变大（图4-20中月的位置6、7、8、1），原因是日月渐相远而侧相映，则向地之边光渐多。

由此看来，月球本无圆缺，月球的明暗，是由于半圆的月亮的旋转，人眼不能全部看见，所以才说月有圆缺。

［解说］赵友钦用模拟实验形象地解释了月的盈亏现象。他的实验简单易行，解释既通俗又科学，在六百年后的今天仍有价值。古时候有一首月相变化歌，抄录如下，可能有助于对上文的理解。

月相变化歌

初一新月不可见，只缘身陷日地中，

初七初八上弦月，半轮圆月面朝西。

满月出在十五六，地球一肩挑日月，

二十二三下弦月，月面朝东下半夜。

第四节 《演繁露》中的光学知识

一、程大昌与其《演繁露》

1. 程大昌生平简介

程大昌（1123—1195），字泰之，徽州休宁（今属安徽）人，南宋政治家、学者。他 10 岁就能撰写成篇文辞，高宗绍兴二十一年（1151）登进士第。授吴县主簿，适逢他父亲故去，而未去上任。丧服除去后，他撰写了《十论》来讨论当时的国家大事，并把它奏献给朝廷，宰相汤思退看后称奇，提拔程大昌为太平州教授。第二年，调至京师任太学正，继而参与选用馆职官的策试，因论述得当，改任秘书省正字。

绍兴三十二年（1162）六月，宋孝宗即皇帝位，程大昌迁升为著作佐郎。程大

图 4-21　程大昌画像

昌任浙东提点刑狱时，恰逢这一年大丰收，百姓的收入有所增加。有些官吏依仗朝廷命令，主张成倍地增加酒税。程大昌坚决不同意，他说："这里的酒税已经不低了。若再成倍增加，恐怕百姓难以接受。当官本来是为百姓办事的。大昌宁可获罪免职，也不能增加酒税总额。"

他又迁为江西转运副使，大昌说："这可以直接去做有益的事，去除有弊的事，来实现我的志向了。" 正遇这年歉收，程大昌从其原财政结余

中，提出十多万缗钱，代吉、赣、临江、南安等地的百姓交纳夏税折帛。程大昌还主持修复清江县损坏的两个堰坝，用来阻挡江水保护农田。

时值中央地方更迭官制，程大昌极力请求去外任，做州郡地方官，于是他出任知泉州、建宁府。绍熙五年（1194），程大昌告老辞官，作为龙图阁学士退休。庆元元年（1195），程大昌亡故，终年七十三岁，谥号文简。

程大昌笃好学问，对于古今事情没有不考察研究的。他有《禹贡论》、《易原》、《雍录》、《易老通言》、《考古编》、《演繁露》和《北边备对》等著作刊行于世。

2.《演繁露》简介

宋代是我国传统文化发展的高峰时期。在宋代，学术发达，各类著作层出不穷，其间涌现出许多笔记体著作，《演繁露》是其中的一种。《演繁露》全书共分十六卷，后有《续演繁露》六卷，又称为《程氏演繁录》，都是由宋代程大昌所著。全书以格物致知为宗旨，记载了从夏、商、周三个朝代至宋朝的杂事488项。

图4-22　《演繁露》书影

程大昌大约于淳熙二年（1175）始作《演繁露》，到淳熙七年（1180），该书六卷本大致成书。《演繁露》存在有两次编集的版本。大约在程大昌去世后，有人又将其笔记再次加以整理结集，以"别录十卷"的形式刊刻。《演繁露》作为一部笔记体著作，其特点就是随手而记。《演繁露》中的许多内容都是来源于平常的读书札记。这是程大昌平时读书积累的成果。《演繁露》收录了722则笔记，所记内容十分繁杂，其中有对前代名物典章制度的考证，也有对宋代史实的记载，涵盖了政治、经济、文化等各个领域，包括了历史学、自然科学、文学、语言学、民俗学等学科。尤其对于自然科学的讨论，《演繁露》深得《梦溪笔谈》之精华，并且又有新的创见，对于研究我国古代科学技术发展有很大的参考价值。

《演繁露》中含有不少光学知识，曾被英国著名科学史家李约瑟在其巨著《中国科学技术史》中多次引用。一是日食观测中的光学知识；二是对色散现象的认识。下面将逐一介绍。

二、《演繁露》中的光学知识

1. 日食观测中的光学知识

[原文]《演繁露》卷一《日圆与日说通》：淳熙丙申三月朔日（1176年4月11日），作者在开封观测日食时，"以盆贮油，对日景候之。……约其所欠，殆不及一分"。

[注释] 景：通"影"。候：等待。约：约计。殆：仅、只。

[译文] 1176年4月11日，我在开封观测日食时，使用了这样的方法：用盆盛油，对着太阳的影子等待。……估计日影所缺，大约不到十分之一。

[解说] 我国古代对日食的观测，最初是用肉眼直接观察。西汉学者京房曾用水盆照映的方法，以避免强烈日光刺眼。《开元占经》卷九引京房《日食占》说："日之将蚀，……置盆水庭中，平旦至暮视之。"这是观测日食方法的一大改进。但是，这种方法的缺陷在于，如盆水不深，盆底又非黑色，光的漫射仍很强烈，像的反衬度差，效果不好，因此后来又由水盆照映改进为油盆照映。首先记载这一改进的是程大昌的《演繁露》。

图 4-23 日食观测法

如上述原文所述，即用油盆照映的方法，观测出食分不到十分之一的日食。这是由于油面对可见光的反射率比水面更低，而且油的透明度差,可以减小盆底的漫反射光线,增大像的反衬度,再加上油的黏度大,反射面比较平稳,所以人们可以更清晰、更持久从而也就能更准确地对日食进行观测。

2. 对色散现象的认识

[原文]《演繁露》卷九《菩萨石》:

《杨文公谈苑》曰:"嘉州峨嵋山有菩萨石,人多收之,色莹白如玉,如上饶水晶之类,日射之有五色,如佛顶圆光。"文公之说信矣,然谓峨嵋有佛故此石能见此光,则恐未然也。凡雨初霁或露之未晞,其余点缀于草木枝叶之末,欲坠不坠,则皆聚为圆点,光莹可喜。日光入之,五色具足,闪烁不定,是乃日之光品著色于水,而非雨露有此五色也。峨嵋山佛能现此异,则不得而知,此之五色,无日则不能自见,则非因峨嵋有佛所致也。

[注释]《杨文公谈苑》是记载杨亿(字大年,谥文,故称文公,974—1020)言谈的语录笔记。始由杨亿乡谊门生黄鉴杂抄广记文公与人交谈的部分话题而成。佛顶圆光:在雕塑的佛像头部看到彩色光环,亦俗称"佛光"。霁:晴。初霁:雨过天晴。未晞:未干。品:品性,本性。著色:着色,上颜色。

[译文]《杨文公谈苑》上记载:"嘉州峨嵋山有菩萨石,人们多有收藏,色洁白如玉,就像上饶产的水晶,太阳光照射呈五色,犹如佛顶的圆光。"文公的说法是可信的,然而,说因为峨嵋有佛,所以此石才能见此光,

图 4-24 杨亿画像

图 4-25 《杨文公谈苑》书影

恐怕未必是这样。凡是雨过天晴，或者露珠未干，所剩水珠点缀于草木枝叶末端，要坠落未落的样子，都聚成圆珠，玲珑别透，十分可爱。日光照射，五色俱现，闪烁不定，这是日光的品性给水上了颜色，而不是雨露有这五色。峨嵋山上的佛是否有这种现象，则不得而知。不过，这种五色现象，没有阳光则不能呈现，并非因为峨嵋有佛。

[解说]程大昌的这段论述表明：(1)发现了日光通过一个液滴也能化为多种色光，即当日光射入雨露，见各种色光闪烁不定，这正是雨露的分光作用，也就是色散现象。(2)把日光通过液滴的色散现象，同日光通过自然晶体（菩萨石，水晶）的色散现象联系起来，认为二者同出一理。(3)明确提出了非雨露本身有各种色光，而是日光的"品性"所致，换句话说，日光本身应有各种色光。他所说的　"无日则不能自见"，阐明了五色光彩来源于日光，"日之光品著色于水"，揭示了色散现象的本质。(4)批判了对于色散现象的神秘传说，表现了科学的态度和精神。所有这些，不仅在色散认识史上有重要意义，而且对虹的色散本质的认识也有巨大的推动作用。

由程大昌的描述就可以理解在其前唐初孔德绍(7—621)的两句诗。孔德绍《登白马山护明寺》中写道：

露花疑濯锦，泉月似沉珠。

这二句诗可译为：

花儿带露，就像刚刚溜洗过的彩锦；

月儿印泉，如同沉浸在水中的珍珠。

正由于花瓣上的露珠，在朝阳照耀下将太阳光分成七色光，才会有彩锦的感觉。可见，露珠分光现象在程大昌之前已被许多人观察到。

古代中国人对色散现象有许多描述和观察记载，也有许多发现，我们在其他章节再做介绍。

第五节 《物类相感志》中的物理实验

一、苏轼及其《物类相感志》

1. 苏轼生平

提起苏轼（苏东坡，1037—1101）几乎是无人不知，无人不晓。苏轼字子瞻，号东坡居士，眉州眉山（今属四川）人。众所周知，他是北宋时期的大文豪，学识渊博，天资极高，其诗、词、赋、散文均成就极高，且善书法和绘画，是中国文学艺术史上罕见的全才。他的诗词传诵甚广，很多人，甚至

图 4-26 苏东坡像

图 4-27 苏轼小像（元代赵孟頫绘）

小学生都会背诵他的著名诗词《水调歌头·明月几时有》。苏轼是唐宋八大家之一，和其父苏洵、其弟苏辙并称"三苏"。 然而，他一生仕途坎坷，嘉祐元年（1056），虚岁二十一的苏轼首次出川赴京，参加朝廷的科举考试。翌年，他参加了礼部的考试，以一篇《刑赏忠厚之至论》获得主考官欧阳修的赏识，却因欧阳修误认为是自己的弟子曾巩所作，为了避嫌，他只得第二。

嘉祐六年（1061），苏轼应中制科考试，授大理评事、签书凤翔府判官。他入朝为官之时，正是北宋开始出现政治危机的时候，繁荣的背后隐

藏着危机，此时神宗即位，任用王安石，支持变法。

熙宁五年（1072），苏轼因反对王安石新法而求外职，任杭州通判，三年后移知密州、徐州、湖州等地，任知州县令，政绩显赫，深得民心。这样持续了大概十年，苏轼遇到了生平第一祸事。元丰二年（1079），苏轼到任湖州还不到三个月，就因为作诗讽刺新法，被捕入狱，史称"乌台诗案"。 苏轼坐牢103天，几次濒临被砍头的境地。幸亏北宋时期在太祖赵匡胤年间即定下不杀士大夫的国策，苏轼才算躲过一劫，翌年被贬至黄州。苏轼到任后，心情郁闷，曾多次到黄州城外的赤壁山游览，写下了《赤壁赋》、《后赤壁赋》和《念奴娇·赤壁怀古》等千古名作。在此地，他带领家人开垦城东的一块坡地，种田帮补生计。"东坡居士"的别号便是他在这时起的。

宋哲宗即位，苏轼回朝任礼部郎中、中书舍人、翰林学士，元祐四年（1089）拜龙图阁学士，再次到阔别了十六年的杭州当太守。苏轼在杭州做了一项重大的水利建设，疏浚西湖，用挖出的泥在西湖旁边筑了一道堤坝，也就是著名的"苏堤"。绍圣元年（1094），苏轼被章惇贬谪至惠州、儋州（海南岛）。北还后第二年病死常州孙氏馆，终年六十四岁。谥号"文忠"。

2. 关于《物类相感志》

图4-28 陈立华的《图解物类相感志》书影

《物类相感志》据说是苏轼笔下的作品，也有人说是北宋赞宁(919—1001)的著作。内容包含身体、衣服、饮食、器用、药品、疾病、文房、果子、蔬菜、花竹、禽鱼、杂著等十二个部门，分别记述了物类相感的种种特殊现象，共计448例。全编自始至终只是一味地记述现象，并未解释其道理。苏轼为官时的亲民作风加上好奇的天性，使他对于市井小民的日常生活，诸如食、衣、住、行、育、乐等多有观察，他将这些所见所得记录在《物类相感志》中，使今人透过此书可以了解古人的生活，是一本简易的生活读物。此书流传过三种版本，即十卷本、一卷本、十八卷本。十卷本已佚，现今尚存的仅有两种：一卷本和十八卷本。这两种虽同名却实异。

现代画家陈立华，用她擅长的插画技巧重新诠释，将这些古老文字幻化成一幅幅既生动又活泼的现代插图，出版了《图解物类相感志》，对了解古书《物类相感志》的内容和付诸实用甚有帮助。

二、"水中游蝌"实验

宋代人曾多次提到过演示表面张力的实验，如"水中游蝌"、"浮水金丹"、"盆中游鱼"等。苏轼在《物类相感志》和《格物粗谈》中写到：

［原文］《物类相感志·杂著》水中游蝌：獐脑黄蜡和匀染黑，投水中作蝌蚪，自然水中走动。

《格物粗谈·卷下·药饵》浮水金丹：樟脑、银珠捣为饼，入水，即游走。

［注释］獐脑：应为"樟脑"，即萘。银珠：朱砂，辰砂，丹砂，是硫化汞（HgS）矿物。自然：自由发展，不经人力干预。

［译文］水中游动的蝌蚪：将樟脑与黄蜡调和均匀、染黑，做成蝌蚪状，放在水中，则会自由游动。

水中的金丹：将樟脑、银珠捣碎，做成饼，放入水中，便会游走。

［解说］这是一些利用水表面张力做功的实验，形式各异，但原理相同。水中游蝌的原理可能是：樟脑加黄蜡做成蝌蚪后，密度轻于水，因而上浮，并改变周围的表面张力，水上的表面张力不均匀，使蝌蚪游走。"盆中行船"实验与水中游蝌有相似处，对了解"水中游蝌"实验原理会有帮助，做法如下：用刀片将泡沫塑料或木片削制成一个约3cm长的小船，在船尾切一个"V"形切口，在"V"形切口中嵌入一片小肥皂，将小船放入倒满水的盆中，小船会自动向前航行。原因是：肥皂在船尾慢慢溶化，使小船后面水的表

面张力系数慢慢减小，所以船头水的拉力大于船尾水的拉力，船则缓缓向前移动。

三、验桐油法

苏轼在《物类相感志》记载了一种验桐油法，亦是利用表面张力，原文如下：

[原文]看桐油法：以草圈蘸之，中有膜在草上者，谓之上秤。

[注释]看：检验。草圈：用草编成的圆圈。上秤：上乘，上品，上等，最好。

[译文]检验桐油的方法是：摘取一草茎，将其一端圈成圆圈，在桐油里蘸一下，有膜在草圈上者，则为上品（图4-29）。

[解说]草圈上这层油膜，正是桐油表面的张力所致。上等桐油能在草圈上形成一层薄膜，这都是纯净液体的表面张力所起的作用。大家知道，杂质会使液体的表面张力减小。当桐油含杂质多而成次品时，由于其表面张力减小了，就不能在草圈上形成薄膜。上文所述，表明古人已掌握有关表面张力的经验知识。

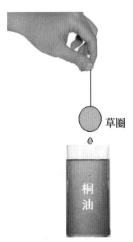

图4-29 验桐油法示意图

宋代张世南在《游宦纪闻》中也写道："验真桐油之法，以细篾一头作圈子，入油蘸。若真者，则如鼓面鞔（mán）圈子上。渗有假，则不著圈上矣。"

苏轼用草圈代替张世南所描述的竹篾，看来更简便、易行。

第六节 《春渚纪闻》记的"铜蟾自滴"

　　古代磨墨时，需要不时添加水，若有可以贮水的小器具就方便多了，于是人们就发明了砚滴。砚滴，亦称书滴、水滴、水注等，因古代文人研墨时用此器滴水于砚，故有砚滴之称。其早期形制以蟾蜍、龟等为多见，所以，又称砚蟾、蟾滴、龟滴。《汉语大词典》里对砚滴的解释为"滴水入砚的文具"。其中部为空腹，用来储备水，并有注水口、出水口。后来古人对砚滴加以改进和创新，又制作出水流细缓且可以通过按压进水口控制水流的砚滴。最早的瓷砚滴是两晋时期浙江地区瓷窑烧制的蛙形、龟形等动物形砚滴，图4-30为北宋青釉蟾形砚滴外形。宋代何薳曾经在《春渚纪闻·铜蟾自滴》一文里描述过自己看到的一个古铜蟾蜍砚滴。

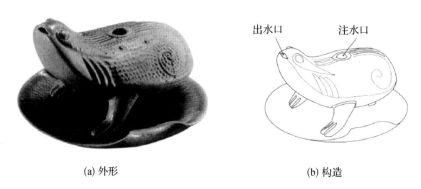

(a) 外形　　　　　　　　　　　　　　(b) 构造

图4-30　北宋青釉蟾形砚滴

一、何薳及其《春渚纪闻》

　　何薳，生于熙宁九年（1076），大约生活在北宋哲宗、徽宗、钦宗时期，卒年不详。何薳字子远，又称子楚，自号韩青老农，人称东都遗老，浦城（今属福建）人，博学多闻，擅长诗歌，喜好琴艺，才艺出众。因看不惯贪官作福作威，遂隐居不仕，潜心读书著述，搜集宋代遗闻轶事，撰成《春渚纪闻》一书。

《春渚纪闻》是一部有特色的宋人笔记，此书 10 卷，前 5 卷题为《杂记》。卷七为《诗词事略》，收录唐宋诗人吟诵的诗句等，以本朝为详；或订正前人诗句中错误。卷八为《杂书琴事》（附《墨说》），记载了古代音乐及制墨工艺等资料。卷九《记砚》，记各种名砚及形制特色、砚铭等。卷十为《记丹药》，记载了宋代炼丹术的盛行以及达官贵人的生活

图 4-31　《春渚纪闻》书影

等。全书记事广泛，保存了许多正史中见不到的材料。

二、铜蟾自滴

《春渚纪闻》卷九《记砚》中《铜蟾自滴》原文如下：

［原文］古铜蟾蜍，章申公研滴也。每注水满中，置蜍研仄，不假人力而蜍口出泡，泡殒则滴水入研。已而复吐，腹空而止。

［注释］蟾蜍：也叫蛤蟆，俗称癞蛤蟆。章申公：人名，生平不详。研：古同"砚"，砚台。仄（zè）：同"侧"。假：借助，利用。殒：坠落，破、灭。

［译文］章申公有一个铜制砚滴，形如蟾蜍，显得非常古朴。将它放在砚侧，注入水，不用借助人工操作，蟾蜍口中就能吐出水泡，泡灭水滴落入砚池，过一会又吐水泡，如此反复，直到蜍腹中的水吐完。

［解说］这是一只奇妙的铜制蟾蜍砚滴，也可看作是一个利用毛细管引水入砚的有趣实验。众所周知，水能润湿铜，将铜管插入水中，管中液柱的

高度，与液体表面张力系数 、毛细管内径等有关。当液体与固体材料确定后，毛细管内径越细，管内液柱越高，因此，用毛细管能达到引水目的。据猜测，上述实验中毛细管可能就设在人眼无法看见的砚滴壁中，毛细管内壁较粗糙，水从蜍腹底部润湿至蜍口侧，而慢慢形成水滴，当水滴重力大于水的表面张力时，水滴入砚盘中。

第七节　液体密度的测量

从南北朝时期开始，古人陆续发现鸡蛋、桃仁和莲子等物，浸在盐水中时，若盐水浓度不同，就会呈现不同的沉浮。到宋代，人们利用浮力制作了世界上最早的液体密度测量装置，可看作近代液体比重计的雏形。

《物类相感志》一书中记载："盐卤好者，以石莲投之则浮。"这是说，把莲子投入盐卤中，看莲子能否浮起来，好的盐卤，浓度大，就把莲子浮起来，可以用来制盐。

南宋姚宽写的《西溪丛语》中也有用莲子盐卤浓度的类似的记载，讲得更加详细具体。

一、姚宽及其《西溪丛语》

姚宽（1105—1162），字令威，号西溪，会稽嵊县（今浙江嵊州）人，宋代杰出的史学家、科学家，著名词人。姚宽聪慧异常，博闻强记，精于天文推算，尤工词章、篆隶及工技之事。

《西溪丛语》是姚宽的笔记作品，分上下卷，共一百四十一条。此书评论诗文，考证典籍，学风务实，史料丰富，特别是本书记载的两浙盐法、试盐卤法等对于研究宋代海洋经济与科技尤为珍贵。

图 4-32　《西溪丛语》书影

二、试盐卤法

《西溪丛语》中用"莲子法"测定盐卤浓度的记载如下：

[原文] 予监台州（今浙江临海等县）杜渎盐场，日以莲子试卤。择莲子重者用之。卤浮三莲、四莲，味重，五莲尤重。莲子取其浮而直，若二莲直或一直一横，即味差薄。若卤更薄，则莲沉于底，而煎盐不成。闽中之法，以鸡子（即鸡蛋）、桃仁试之，卤味重则正浮在上；卤淡相半，则二物俱沉。与此相类。

[注释] 予：同"余"，我。杜渎盐场：历史地名，在今浙江临海市东杜桥镇。监：掌管；主管。

[译文] 我曾监管台州杜渎盐场，经常用莲子检验盐卤。选用重的莲子。若三四个莲子浮起，则卤水浓度大（盐卤含盐量高），五个莲子浮起，则浓度更大。若两个莲子直立或者一直立一横卧，便是浓度小。如果卤水浓度更小，则莲子沉到底，不可用此卤水煎盐。福建人的方法，是用鸡蛋、桃仁测试，卤水浓度大，则鸡蛋、桃仁呈直立悬浮状态；卤水浓度小于50%，则这两种东西都沉底。这与莲子类似。

[解说] 古代这种测定卤水浓度的方法甚为简单，将预先准备好的莲子、桃仁、鸡蛋置于卤水中（图4-33），看其浮沉状态，便知卤水浓度，以决定可否用此卤水煎盐。除姚宽外，元代陈椿的《熬波图咏》、明代陆容的《菽园杂记》和方以智的《物理小识》都曾记述用这些方法测定盐卤浓度。

图4-33 以鸡蛋测定卤水浓度

莲子、鸡蛋及桃仁都是不完全的圆球形状，它们在盐水中的浮沉状况，可以用阿基米德原理解释。阿基米德原理的内容是浸入液体中的物体受到向上的浮力，浮力的大小等于它排开的液体受到的重力。物体受到浮力的大小是由液体的密度、它排开的液体的体积所决定的。

比如选重的莲子投入卤水中，测盐卤的密度，当某莲子的密度与待测液体的密度相当时，它就在液体中呈直立悬浮状态；当某莲子的密度比液体小，甚至小很多时，它不仅全浮在液面上，而且因其形状与重心的关系将在液面上呈横卧状态；当某莲子的密度比液体大时，它就沉没在容器底。这就是姚宽所说的"莲子取其浮而直"的道理。

第八节　《事物纪原》中的影戏

一、《事物纪原》及其作者

《事物纪原》是成书较早的一部考证事物起源和沿革的专门类书，共10卷，55部，1765事。此书考论事物起源，虽不尽确切，但可参考。它分门别类，内容丰富，举凡政治、经济、军事、典章制度、文化艺术、医学风俗、服食、器用、宗教、天文、地理，以及草虫鸟兽等社会自然领域的事物，无不涉及，追本溯源，考其所由。这些考核资料有不少已为当代辞书所征引。

《事物纪原》，由宋代高承撰。高承，约生活于11世纪后半期至12世纪前期，河南开封人，生平事迹不详。《事物纪原》有几种刻本：如宋庆元三年（1197）建安余氏刊本；明正统十二年（1447）南昌阎敬刊本，书名题《事物纪原集类》；明成化八年（1472）成安李果重刊阎敬本，此本有李果评点。各刻本记载之事，则每有不同。

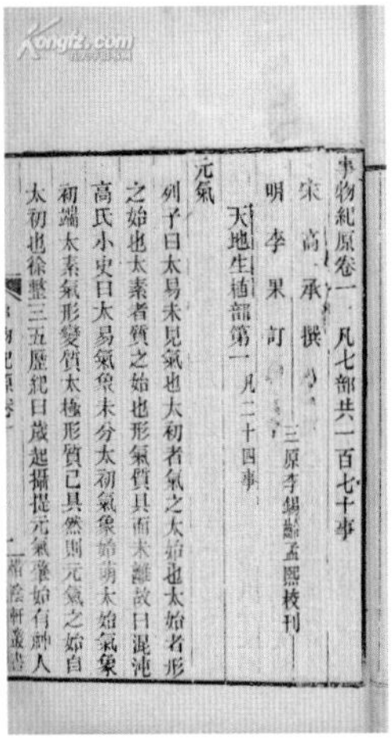
事物紀原卷一 凡七部共一百七十事
宋 高 承 撰 三原李錫齡孟熙校刊
明 李 果 訂
天地生植部第一 凡二十四事
元氣
列子曰太易未見氣也太初者氣之始也太始者形
之始也太素者質之始也形氣質具而未離故曰混沌
高氏小史曰太易氣象未分太初氣象始萌太始氣象
初端太素氣形變質太極形質已具然則元氣之始自
太初也徐整三五歷紀曰歲起攝提元氣肇始有神人

图4–34　《事物纪原》书影

该书问世已近千载，几经翻刻转录，过手者无不留下踪迹，增益者有之，删改者有之，校订者有之，致使今本较原作纪事增加数倍之多。有的刊本作者佚其姓名。

二、《事物纪原》中的影戏

《事物纪原》卷九《博弈嬉戏部·影戏》：

[原文]故老相承，言影戏之原，出于汉武帝李夫人之亡，齐人少翁言能

致其魂，上念夫人无已，迺使致之。少翁夜为方帷，张灯烛，帝坐他帐，自帷中望见之，仿佛夫人像也，盖不得就视之。由是世间有影戏，历代无所见。宋朝仁宗时，市人有能谈三国事者，或采其说，加缘饰作影人，始为魏、吴、蜀三分战争之像。

[注释] 故老相承：老人相传承递。言：说。李夫人：李延年妹，《汉书·外戚传》载其风容妙丽，善于歌舞。早死，武帝尝作赋悼之。迺：同"乃"。帷：遮拦四周的幕帐。就视：接近去看。由是：因此。谈三国事者：说书人。采其说：采街谈巷议之三国事。加缘饰：加文饰，把讲三国的话本改编为影戏话本。作影人：制作三国故事的影人。

[译文] 据老人传说，影戏起源出自汉武帝李夫人之亡，齐人方士少翁说，能招其魂，武帝非常思念夫人，于是命少翁去做。少翁夜里设方形幕帐，点灯烛，帝坐在另一幕帐里，自帐中看到的，仿佛李夫人的像，然而不能接近去看。因此这事世间有了影戏，过去历代没有见过。宋朝仁宗时，市上有说三国的说书人，采集街谈巷议的三国故事，把讲三国的话本改编为影戏话本，制作三国故事的影人，才把魏、吴、蜀三分天下的战争形象地表现出来。

图4-35　汉武帝观原始影戏

[解说] 由本条目知，根据成影原理发明的影戏，是我国古代独具风采的艺术，它反映了我国古人掌握了光学的成影知识。在这段记载中，有光源，即"张灯烛"，有屏幕，即方形幕帐，有所成的李夫人之像，唯造成影像的物体没有明说，或许是方士保密的缘故。

影戏，即影子戏。中国的影戏，包括手影戏、纸影戏、皮影戏三大类。手影戏，是凭人的十指借光弄影表演各色人物、花草虫鱼、飞禽走兽，甚至简单的寓言故事的最原始的影戏；纸影戏和皮影戏，是用纸或兽皮雕镂成人物的平面偶像，以灯光映于帷幕上表演故事的较复杂的影戏。影戏是中国一项传统的综合性民俗艺术，是中国古老的民间戏剧之一。

中国被誉为"影戏的故乡"，至于影戏源于何时，说法不一：有汉代说，有唐、五代说，有宋代说。因资料缺乏，是非难判。

从上文可见，宋代的影戏已发展到相当高的水平。即使就戏剧特点而言，影戏在宋代已成为真正的戏剧。

第九节 《席上腐谈》中的大气压实验

一、俞琰及其《席上腐谈》

1. 俞琰生平

俞琰，字玉吾，号全阳子、林屋山人、石涧道人，吴郡（今江苏苏州）人，宋末元初道教学者。其生卒年诸说不一，大约 1258—1314 年。俞琰幼好博览，闻友人有奇书异传，必求借抄录，以致废寝忘食而成疾。后专业科举之学，业成而时异事殊，自叹"平时刻苦竟为画饼"、"时不我逢，奈之何哉"？入元，隐居不仕，著书立说，以词赋闻名，雅好鼓琴，尤精于易学。著作有《周易集说》、《书斋夜话》、《月下偶谈》、《席上腐谈》等。

2.《席上腐谈》简介

《席上腐谈》又称《席上辅谈》，为俞琰（一作琬）撰，为笔记杂说。全书四卷，今存二卷，共一百一十多条。上卷前数十条为考证名物之语。下卷则备述丹书，主要的意思皆不出道家思想范畴。全书叙述通畅，批驳有理，虽多道家之言，而一归于正，非江湖术士之言可比。

图 4-36 《席上腐谈》书影

二、"瓶子喝水"实验

《席上腐谈》卷上中记载了一个"瓶子喝水"实验，原文如下：

[原文] 剧烧片纸纳空瓶，急覆于银盆水中，水皆涌入瓶，而银瓶铿然有声，盖火气使之然也。又依法放入壮夫腹上，挈之不坠。

[注释] 剧：剧烈。纳：放入。铿然（kēngrán）声音响亮有力。盖：原因。挈：悬持。

[译文] 将剧烈燃烧着的纸片放入空瓶里，迅速把瓶倒扣在装有水的银盆中，水就会涌进瓶里，并且声音响亮有力，是火气造成的。因为纸片的燃烧使瓶中空气减少，待瓶内空气冷却后压强降低。按这种办法把瓶扣在人腹上，瓶子会吸住腹肌而不坠落。

[解说] 在这种实验中，很明显，纸在瓶中燃烧，瓶内空气膨胀，空气从瓶中"跑"掉一部分，把瓶扣在水中，氧气燃尽，火焰也就熄灭，此时瓶内温度降低，压强减小，瓶外空气压迫盆里的水涌入瓶中。记载中尽管没有说明这是大气压作用的缘故，但能指出"盖火气使之然"，已很了不起。古代记载大气作功的实验有许多，还在先秦时期，我国就用"角法"（今"拔罐疗法"，如图 4-37 所示）治病了，现在仍有许多中医在使用此法。这是"瓶子喝水"实验原理的具体应用。

图 4-37　拔罐疗法

第五章

明清时期

第一节 历史与科学技术概述

公元 1368 年，朱元璋建立明朝，在经济上采取了一系列恢复和发展社会经济的措施，使社会经济在洪武时期达到了历史最高水平，为明代社会经济的繁荣奠定了良好的基础。

明朝隆庆、万历年间，商品经济发展，在我国东南沿海地区的若干手工业部门中资本主义萌芽已在酝酿。然而这些萌芽却由于封建制度的束缚而夭折了。

明朝中叶以后，皇帝昏庸，吏治腐败，官员敲诈勒索，在封建剥削日益加重，农民无法继续生活下去的时候，西北农民起义爆发了。李自成领导的起义军经过长期艰苦的斗争，终于打下了北京，1644 年明王朝灭亡。

公元 1644 年，清兵入主中原，开始了清朝的统治，到 1911 年即宣统三年，清帝溥仪退位，计 268 年，共历 10 个皇帝。清朝前期的统治者采取了有利于社会安定和经济发展的积极措施，从而在康熙、雍正、乾隆三朝逐步达到鼎盛。由此出现了国家统一、政权巩固、社会安定、生产恢复、经济文化都比较繁荣的时期，这就是历史上的"康乾盛世"。然而，乾隆时期是清代强盛的顶峰，也是其衰败的起点。之后各种社会矛盾日趋尖锐，表面的强盛掩盖着内在的虚弱。中国已逐渐脱离了世界先进国家行列，并与西方各国在经济实力和科学技术方面大大拉开了距离。

明、清时期 (1368—1644—1911) 是中国科学史上一个独特的时期。随着封建制度日益腐朽没落，社会生产力和科学技术的发展也日趋迟缓。明代中叶以后出现的资本主义萌芽，由于受到封建制度的严重束缚而得不到进一步发展。我国古代科学技术的许多领域在世界上曾经长期处于领先的地位，但是进入明代中叶之后却逐渐落后了。尽管如此，在明代，一些才识卓越的知识分子，如方以智、李时珍、宋应星、陶宗仪等，仍在科学技术上做出了卓越贡献。

这个时期，中国人创造性的发现表现在声学上。明代王子朱载堉(yù)专心研究音律和数学，解决了音律史上的大难题，提出了产生十二平均律的方法，这在当时世界上也是领先的。

明末清初的学者方以智（1611—1671）撰写了《物理小识》一书，该书在讨论传统知识内容的同时也吸收了一些西方物理学知识，继承和发展了我国古代与近代从西方传入的科学技术成果，对明清时期的科技和文化的发展产生了深远影响。另外，宋应星（公元 1587-1666？）著的《天工开物》被誉为"技术百科全书"，记载了晶体变色现象，涉及衣食住行，反映了当时社会生产的发展水平，也为中国古代物理学的发展作出了贡献。

明代中叶，在我国学术界出现一股实学思潮，在社会文化领域提倡"实践"、"实行"、"实功"、"实风"、"实事"等，科学精神、批判精神由是产生，并出现一批求实的学者与著作。

清朝统治者大兴文字狱，并在文化领域采取高压政策，清朝皇帝施行闭关锁国政策，抑制和阻碍了中国传统文化发展与科技的进步。

清代 (1636—1911) 在中国科学技术史上是一个"特殊"的时期。一方面中国传统科技在缓慢发展，另一方面随着西方传教士来华，西方近代科学知识传入我国，发生了所谓的"西学东渐"。从此，近代物理学知识开始在我国传播。中国的整个科技水平有了较大提高，传统科学与近代科学在逐渐融合。同时，中国的近代物理学也逐渐发展起来。

我国学者在学习、吸取和传播近代自然科学的过程中，做出了不少的成绩，出现了好几位优秀的科学家与各具特色的著作或译著，诸如郑复光的《镜镜诗痴》与邹伯奇的《格术补》，以及少数民族学者博明的《西斋偶得》，汤若望等人的《远镜说》与张福僖等人的《光论》。还涌现出一批光学技师，如孙云球、薄珏、黄履庄等人，努力钻研、仿制、改进、创制了一批实用的光学仪器。

第二节 《物理小识》中的物理实验

一、方以智及其《物理小识》

1. 方以智生平简介

方以智（1611—1671），明代著名哲学家、科学家，字密之，号曼公，又号鹿起、龙眠愚者等，安徽桐城人。方以智天资聪颖，少年时常跟随父亲游历名山大川，青年时博览群书，并吸收了西方传入的科学文化知识，这都为他日后的学术研究奠定了基础。

图 5-1　方以智像

图 5-2　方以智书法墨迹

方以智少年时代曾参加反对宦官专权的"复社"活动，有"明季四公子"之称。他于崇祯十三年（1640）中进士，任翰林院检讨。清兵入关后，"复社"人物在南京惨遭杀害。方以智改名化装南逃，隐居卖药度日。清兵入粤后，他在梧州出家，法名弘智，发愤著述的同时，秘密组织反清复明活动。康熙十年（1671）三月，因受反清事件牵连而被捕，十月，在押解送岭南途中病逝于江西万安。

他一生学术兴趣广泛，且有顽强的探索精神。他学习极其勤勉，虽生活动荡，日子过得很苦，但他好学善思，手不释卷，知识非常渊博，对天文、地理、历史、物理、生物、医学、文学、哲学、音韵学都有研究。特别是对自然科学，他不但注意搜集古来有关各方面的科技理论，访问能工巧匠，而且善于实验观察，将这些知识熔于一炉，用他自己的话说，"且劈古今薪，冷灶自烧煮"。

学术上方以智博采众长，主张中西合璧，儒、释、道三教归一。他长期坚持著述，一生撰写了400余万言，大多散佚，存世作品数十种，内容广博，无所不包。其中最为流行的是《通雅》、《物理小识》和《东西均》等。《物理小识》是他的代表作，其中关于光学方面的论述颇多，也颇有见解，是一部有价值的科学著作，被誉为"百科全书式的科学名著"。方以智从20岁就开始写《物理小识》，历经了22年才完成。这一时期兵荒马乱，"乱里著书还策杖，饥时变性不投林"，正是他此时生活的写照。

2.《物理小识》简介

方以智的科学成就主要集中在《物理小识》一书中，在方以智的著作中，《物理小识》也是影响较大的一本书，该书被收入了《四库全

图5-3 《物理小识》书影

书》，不乏被人引用，而且在 17 世纪晚期传入日本，为知识阶层争相阅读。此书还影响到日本学者把"物理学"作为 Physics 的译名，最后又传回中国。

《物理小识》里的"物理"，是中国传统学术意义上的大"物理"，即指世界上一切事物之理，与我们今天所说物理学之"物理"含义不同。

《物理小识》是方以智长期观察自然现象、钻研各种科学知识的总结，以科学知识的记录形式出现。全书共十二卷，分为十五类，依次为天类、历类、风雷雨阳类、地类、占候类、人身类、医药类、饮食类、衣服类、金石类、器用类、草木类、鸟兽类、鬼神方术类、异事类。

此书记载了许多有关力学的知识，这对我们现代科学研究来说具有一定的学术价值，此外，还论及许多光学和声学方面的知识。《物理小识》对于光和声的波动性的认识，远较其前人为强。书中提出了被我们称为"气光波动说"的朴素光波动学说，方以智在此基础上阐释了他的"光肥影瘦"主张，认为光在传播过程中，总要向几何光学的阴影范围内侵入，使有光区扩大，阴影区缩小。他据此批驳了传教士有关太阳直径约为日地距离三分之一的说法。这些，都是前无古人的学术贡献。

另外，《物理小识》关于光的色散、反射和折射，关于声音的发生、传播、反射、共鸣、隔音效应，关于密度、磁效应等诸多问题的记述和阐发，都是极其出色的。

《物理小识》继承和发展了我国古代与近代从西方传入的科学技术成果，对明清时期的科技和文化的发展产生了深远影响。

二、《物理小识》中的物理实验

《物理小识》中讲到光的反射、折射、光学仪器和大气光现象等一系列问题。应当特别指出的是，他用棱镜、带棱的宝石把光分成五色，并把这一现象同背日喷水而成五彩的现象联系起来，认为这是同一类的物理现象。《物理小识》中的其他物理知识也很丰富，我们仅介绍下面几个问题。

1. 水中"浮"钱实验

方以智在《物理小识》卷之一中指出：

[原文] 置钱于碗，远立者视之不见，注水溢碗，钱浮于水面矣。

[注释] 置：放置。钱：此处指铜钱或硬币。溢：充满而流出来。

[译文] 把铜钱放在碗里，远立的人看不见，但如果把水注满，在远处看，铜钱就好像浮在水面上了。

[解说] 这是一个关于光的折射现象的实验：如图 5-4 所示，将铜钱投入空碗中，人远远地站立在碗的一侧，逆着光线看去，铜钱反射到人眼的光线已被不透明的碗壁所遮挡，人无法看到铜钱。将碗里注满水，光从空气进入水中，因水与空气密度不同，射向铜钱的光线在水面处会发生弯曲，这种现象叫光的折射。由于光的折射现象的发生，此时人逆着折射光线看去，铜钱便"浮"了上来，碗里水似乎变浅了，这时人看到的是铜钱的虚像。

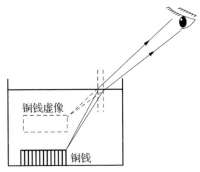

图 5-4　水中"浮"钱示意图

2. 小孔成像实验

方以智曾做过小孔成像实验，他在《物理小识》卷之一中写道：

[原文] 屋漏小罅，日影如盘，尝以纸征之，刺一小孔，使日穿照一石，恰如其分也。手渐移而高，光渐大于石矣，刺四五穴，就地照之，四五各为光影矣，手渐移高，光合为一，而四五穴之影不可复得矣。光常肥而影瘦也。

[注释] 罅（xià）：缝隙，裂缝。尝：曾经。穴：洞，窟窿，小孔。就地：就在原处。征：证明；验证。

[译文] 房屋有一小的缝隙，太阳的影子像圆盘。我曾经用纸试验过，日光通过纸上一小孔照一石，在石上形成圆像（图 5-5），像与石大小相仿。而纸移高后，光就大于石，又如果在纸上刺四五个小孔，地上就有四五个圆像，但纸移高后，四五个图像不见，合而为一。也就是"光肥影瘦"。

[解说] 小孔成像实验在古代典籍中有许多记载。前面我们说过，该实验最早见于《墨经》；宋末元初的赵友钦还以楼房为光学实验室进行过专门研究；北宋沈括在解释"阳燧照物皆倒"时也涉及小孔成像的问题；方以智做的小孔成像实验，更加仔细，步骤分明，而且他进一步提出了"光肥影瘦"的见解。方以智的"光肥影瘦"就是指光常溢出了物体的阴影范围，

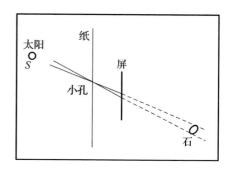

图 5-5　太阳透过小孔成像示意图

使光区扩大，阴影区缩小。也就是，在成影现象中，光亮区偏大、深黑的阴影偏小。

有的学者认为方以智最早发现光的衍射现象；有的则认为方以智看到的现象仍属于光的直线传播范畴，是小孔成像、光的散射和本影与半影现象。我们不愿纠缠在这种争论之中，在这里仅介绍方以智做过的这一实验而已。

3. 面镜和透镜成像的问题

《物理小识》卷之二中写道：

[原文] 物透明者，无论水晶、琉璃、琥珀、阳燧、冰台，凡物图形，皆能取火……光必相交，凹交于前，凸交于后，故于交际处得火也。

[解说] 这是说，凹镜光聚焦于前（图5-6），凸透镜光聚焦于后（图5-7）。不论是什么透明物质，只要是圆形的，光必聚焦，在焦点上都可得火。这比《梦溪笔谈》和《淮南子》等的论述更进一步，而且更为明确了。

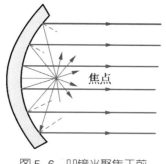

图 5-6　凹镜光聚焦于前

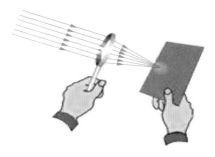

图 5-7　凸透镜光聚焦于后

4. 光的色散问题

方以智在《物理小识》卷之八《器用类·阳燧倒影》中指出：

[原文] 凡宝石面凸则光成一条。有数棱则必有一面五色，如峨嵋放光石六面也，水晶压纸三面也，烧料三面。水晶亦五色。映日射飞泉成五色，人于回墙间向日喷水，亦成五色，故知虹霓之彩、星月之晕、五色之云，皆同此理。

[解说] 凡宝石有几个棱角的，必定有一面能将日光分成五色，如峨嵋放光石有六面，水晶压纸有三面，玻璃三棱镜也是三面（图5-8）；水晶也能产生五色；太阳照瀑布也能成五色，人站在两墙之间向日喷水也能成五色。所以虹霓的彩带（图5-9），星月之光晕（图5-10）都同此理。

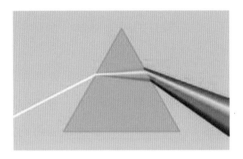

图5-8 玻璃三棱镜所成光的色散

真是举一反三、触类旁通。他所做的人造虹霓实验，即在两墙之间对着阳光喷水，经太阳一照，也成虹状，可说是独创，也正是他对于色散现象有正确认识的表现。

图5-9 虹霓同现

图5-10 月晕

日光色散是自然界中常见的一种光学现象。自然界中常见的色散现象主要有两类：一类是虹霓，另一类是天然晶体的色散。我国古代对色散现象的观察较早，积累了丰富的经验知识。方以智在《物理小识》中，对前人观察到的各种色散现象进行了总结和概括，做出了一般性的结论，在色散现象的研究方面跨出了重要的一步。

十七世纪初，光学研究还未深入展开，方以智就能写出《物理小识》这样有见解的作品，是很不容易的。

5. 水箱放水实验

徐有贞的水箱放水实验是中国古代科技史上少有的纯科学实验，徐有贞有意识地简化分水河疏水的情形，以水箱放水作为替代模型进行治水研究，其实验目的极为明确。徐有贞的实验还是迄今所发现的世界上同类流体力学实验中最早的一个。

徐有贞（1407—1472）是明代一位历正统、景泰、天顺三朝的大臣，又是一位博学多才的学者。景泰四年（1453）年底，徐有贞受命往山东张秋治水，为说服明代宗及众朝臣同意其"开分水河"的治水主张，他做了水箱放水实验，比西方早了将近 400 年。

水箱放水实验是 19 世纪期间重要的水力学实验之一，这一实验过程是：两个完全相同的水箱，盛满同质同量的水。一个水箱底开大孔，一个水箱底开数小孔，所有小孔的面积之和等于大孔面积。如此做放水实验，哪个水箱的水先放完。

在明清两代史籍中，有些典籍记载了徐有贞水箱放水故事，所引基本相同。方以智在《物理小识》卷之二《地类·治水开支河》中写道：

[原文] 徐有贞张秋治水，或谓当浚一大沟，或谓多开支河。乃以一瓮窍方寸者一，又以一瓮窍之方分者十，并实水开窍，窍十者先竭。

[注释] 张秋：地名，今山东省阳谷县张秋镇。浚：疏通，挖深。竭：尽，完。瓮：盛水或酒的陶器。窍：孔，洞。

[译文] 徐有贞在张秋治水。有的说应当挖一大河，有的说多开几条分水河，为了决断以哪种方案治水为好。徐做了下述实验。取一个瓮，即现在所说的水箱，在瓮的底部开一个面积为 1 方寸的大孔，另取一个相同大小的瓮，在其底部开 10 个小孔，每个小孔的面积为 1/10 方寸。将两个瓮装满水后，同一时间打开瓮上的出水孔，结果观察到开 10 个小孔的瓮里的水先流尽。

[解说] 徐有贞用这个实验说明，在开挖运河缓解水患的问题上，与其

开挖一条大运河，不如开挖若干条总流量相等的小运河。最终，徐有贞以实验事实说服皇帝近臣，决定采用了多挖分水河的方法治理水患。三个月内完成了起于张秋，接通黄河、沁河的"广济渠"、"通源闸"等多条渠道。后来，山东发大水，河堤多处坏，唯徐有贞所筑如故。

1827—1835 年间，法国工程师彭赛列和洛斯布罗斯做了这样的实验，本质上和徐有贞的水箱放水实验相同，实验结果基本一致。徐比他们早好多年，所以，徐有贞是世界上最早做水箱放水实验的人。

6. 担水止沫法

方以智在《物理小识》卷之八《器用类》中写道：

[原文] 担水止沫法。担水檈者，恐其沫之跃也，编竹木为十字，浮其上，则跃沫不出。

[注释] 檈：木桶。沫（mèi）：泡沫。跃：跳跃。

[译文] 用木桶挑水的人，因担心走路时水桶的晃动，而导致桶内水的泡沫泼洒出来。挑水的人会把竹木编成十字形状放到水面上，这样行走时水面的波动就会明显减小，泡沫就不致泼洒出来了。

[解说] 这段文字记载的是劳动人民减少共振的办法，其原理是：人在挑水行走时，步伐有一定的频率。同样，水桶也会存在一个固有的频率，水随着水桶摆动也会存在一个频率。由于水受迫振动，当水桶的固有频率与水桶摆动频率相等时，就会产生共振现象。当系统做受迫振动时，如果驱动力的频率与系统固有频率相接近，系统的振幅就会很大。因此，当木桶与水共振时，水波动的振幅达到最大，所以水易泼洒出来。当水面上放置一漂浮物体，物体对水波的波动产生阻力，这样在水波动时，水就会不断推动 "十字竹木"做功，消耗自身能量，振幅就会逐渐变小。由此水的波动也会逐渐趋于平缓，泡沫就不致泼洒出来。

7. 声波反射的观测与实验

最显著的声波反射现象是回声。关于回声的记载在历史上非常丰富。方以智在《物理小类》卷之一《天类·异声》中记述了三个回声现象的例子。他写道：

[原文] 太姥有空谷传声处，每呼一名，凡七声和之。老父以问坛石熊

公。公曰："峡石七曲也。"人在雪洞，其声即有余响。若作夹墙，连开小牖，则一声亦有数声之应。

[注释] 太姥：山名，太姥山在福建省福宁境内，即今福鼎市内名胜古迹之一。凡：总共。和：声音相应和，以声相应。老父：对老人的尊称。坛石：地名。雪洞：雪洞也是太姥山的奇景之一，该洞或许因其洞壁洁白明亮而得名。余响：余音。牖（yǒu）：窗户。

[译文] 太姥山峡谷（图5-11）有空谷传声处，每唤一人名，共有七声相应，老父问坛石熊公，熊公说："峡谷有七道弯，故有七声回响。"人在雪洞里，发声便有余音。在夹墙的某一墙上连开几个稍有距离的小窗，墙外人对着夹墙发一声，就可以听到多次回声。

图5-11 太姥山回音谷（夏念长 摄）

[解说] 这是方以智少年时期随父游太姥山时见到的声音反射现象。当地人告诉他们，由于山峡有七道弯，声音就形成了七次回声。

雪洞的石壁很光滑，雪洞壁吸声甚微，即反射性能好，故混响明显，因此人在洞内说话，耳朵可听到话语的原声和反射声（回音）的混合声。

所谓"夹墙"可以看作是一间房子的两面墙壁，一侧是整体的墙壁，另一侧墙壁则开数个小窗。当窗外有人对着夹墙说话，如图5-12所示，在两面墙之间形成多次反射，人耳就会听到多次回声。这个例子可能是方以智有意设计的一种声音反射实验。

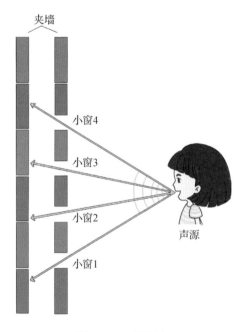

图5-12 夹墙回声

方以智记述的这三个声音反射事例在科技史上是极为有意义的。

太姥山上关于回声的景点曾有两处,一为天门寺往摩霄峰途中靠近摩霄峰处,为"七声应"。《物理小识》说明此处"每呼一名,凡七声和之",当是该"七声应"景点。还有一个景点叫作"回音廊",地处紫烟岑,游人朝对面九鲤朝天石放声一呼,可听到脚下幽谷传来三声应答,所以也叫"三声应"。明人林道传有诗云:

> 我来千仞岩,上下何人屋?
>
> 长啸天地宽,连声应空谷。

8. 吸声墙与隔声房

利用陶瓷等大小瓦器建造吸声墙和隔声房,起初只是一种军事上的权谋之计。为私造兵器,掩人耳目,明朝军师姚广孝在地下建造隔声房,私铸兵器,其吸声墙是以瓶缶瓦器密砌而成的,使其口朝向屋内。方以智在《物理小识》卷一《天类·隔声》中曾对此更清楚地写道:

[原文] 私铸者匿于湖中,人犹闻其锯锉之声,乃以瓮为甃,累而墙之,其口向内,则外过者不闻其声。何也?声为瓮所收也。

[注释] 匿:隐藏。犹:还,尚且。乃:于是。甃(zhòu):井壁。累:堆积。

[译文] 私铸兵器者,隐藏在湖的下面,人还是能听到其锯锉的声音,于是用瓮密砌而成墙,其口朝向屋内,则外面过路的人听不到其声音了,为什么呢?皆因声音为瓮所收。

[解说] 由上述可知,以瓮垒墙,使其口朝向室内(图5-13),再在各个瓮之间实以泥土,就筑成了最古老的吸声墙。方以智不仅清楚地描述了吸声墙和隔声房的构造与作用,而且指出了隔声的道理:"声为瓮所收。"因为声音进瓮,经过多次反射渐渐减弱,以至听不见了。这足见方以智的聪明才智。

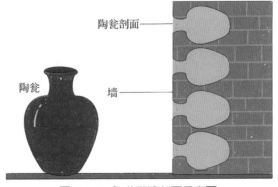

陶瓮剖面

陶瓮

墙

图5-13 陶瓮砌墙剖面示意图

第三节 《天工开物》中的物理知识

一、宋应星与《天工开物》简介

1. 宋应星生平

宋应星（1587—约1666），字长庚，江西奉新人。他是明代著名的科学家，出生在官宦之家，曾祖父宋景官至都察院左都御史，卒后追赠太子少保、吏部尚书。

宋应星自幼聪慧过人，决心步曾祖后尘，作出一番声名显赫的事业。万历四十三年(1615)宋应星与其兄一起在江西乡试时同榜中举，一时传为佳话。但此后从万历四十四年（1616）至崇祯四年（1631），宋应星同其兄先后6次进京参加会试，都榜上无名。在科举场中屡受挫折、"六上公车而不第"之后，宋应星对功名逐渐冷淡，开始将主要精力用于游历考察，著书立说。宋应星兴趣十分广泛，对农业、手工业生产都注意观察和研究。

图5-14 宋应星画像

图5-15 宜春宋应星纪念馆

宋应星生活的时代，明朝已处于风雨飘摇之中，那些关心国计民生的读书人，已不再满足于坐而论道、空谈心性，而是将目光和精力投入到了与富国利民休戚相关的实用知识与技术的领域。宋应星就是这样一个读书人。他关心世事，重视了解农、工、商各行各业的状况，强调对客观事物认真观察和仔细调查，他的名言是："何事何物不可见见闻闻？"他批评那些实际上毫无实践经验和知识，凡事只会凭主观臆度的所谓"聪明博物者"。他很注意探讨一些和人民生计休戚相关的问题，总结对发展社会经济有利的科技知识和生产经验。

宋应星一生著作宏富，有《厄言十种》、《画音归正》、《杂色文》、《原耗》和《天工开物》等多部，其中前四部已失传。宋应星著作中成就最高、影响最大的是《天工开物》。

2.《天工开物》简介

《天工开物》是宋应星出任江西分宜县学教谕时写的，崇祯十年（公元 1637）由友人涂伯聚刊行。

《天工开物》的书名取自《易·系辞》中"天工人其代之"及"开物成务"。天工开物这 4 个字，是用"巧夺天工"和"开物成务"两句古成语合并而成的。前一成语的意思是说，人们用自己的聪明才智和精湛的技艺，可以生产出胜过天然形成的精美物品；后一成语的意思是说，如果掌握了事物的规律，就能办成事情。那么，这两句话合并后，总的精神就是：只要提高自己的知识技能，遵循事物发展的规律，辛勤劳动，就能生产制造出生活所需的各种物品，其精美的程度胜过天然。

《天工开物》全书分上中下 3 卷，又细分 18 卷，每卷一目，还附有 123 幅插图，绘制精良，与文字说明互相补充。它是一部百科全书式的科学巨著，既总结了我国古代农业和手工业生产技术等各方面的成就，又反映了当时社会生产的发展水平。

《天工开物》上卷记载了谷物豆麻的栽培和加工方法，蚕丝棉苎的纺织和染色技术，以及制盐、制糖工艺。中卷内容包括砖瓦、陶瓷的制作，车船的建造，金属的铸锻，煤炭、石灰、硫黄、白矾的开采和烧制，以及榨油，造纸方法等。下卷记述金属矿物的开采和冶炼，兵器的制造，颜料、酒曲的生产，以及珠玉的采集加工方法与技术等。

17世纪末，《天工开物》传入日本，18世纪传入朝鲜，1869年传入欧洲，有了法文译本。现已有日、法、英等多种译本。法国学者儒莲（Mien）称《天工开物》为"技术百科全书"，日本学者三枝博音称其为"中国有代表性的技术书"，英国科学史专家李约瑟博士称其为"17世纪早期的重要技术著作"，称赞宋应星为"中国的狄德罗"（狄德罗是18世纪法国唯物主义哲学家、美学家、文学家，百科全书派代表人物，第一部法国《百科全书》主编）。可见，《天工开物》是世界公认的科学技术名著。

图5-16 《天工开物》书影

二、变色和变彩现象

《天工开物·珠玉·玉》：

[原文]唯西洋琐里有异玉，平时白色，晴日下看映出红色，阴雨时又为青色，此可谓之玉妖。尚方有之。

[注释]西洋琐里：地名，在今印度科罗曼德尔（Coromandel）沿岸。玉妖：一种异玉，可能指金刚石，成分为碳。纯者无色透明、折光率强，能呈现不同色泽。尚方：供应帝王御用器物之官署，此借指内宫、宫廷。

[译文]只有西洋琐里产有异玉，平时白色，晴天在阳光下显出红色，阴雨时又成青色，这可谓之玉妖，宫廷内才有这种玉。

[解说]这里记载的是晶体的变色和变彩现象。一般来说，这种现象是由晶体内杂质反射光的干涉所产生的。转动晶体位置就变更干涉光的颜色，凡有变色现象的晶体，其内某一特殊颜色占有一定范围，因此，从不同方向看它就有不同的颜色。唐末五代杜光庭《录异记》卷七《异石》中说：

"岁星之精，坠于荆山，化而为玉：侧而视之色碧，正而视之色白。卞和得之，献楚王。后入赵，献秦。始皇一统天下，琢为受命玺。"

"侧而视之色碧，正而视之色白"描述的是宝石的变色现象。元代陶宗仪曾经记录一批来自阿拉伯地区的宝石，陶宗仪直接记述了它的变色现象。

三、试弓定力

宋应星在《天工开物·佳兵·弧矢》中介绍了测量弓力的方法，称其为"试弓定力"（图5-17）。

[原文]凡试弓力，以足踏弦就地，秤钩搭挂弓腰，弦满之时，推移秤锤所压，则知多少。

[注释]弦：弓背两端之间的绳状物。就地：到地面。弓腰：弓的中间部分。

[译文]要测定弓力，可以用脚把弦踩到地面，然后将秤钩钩住弓的中点往上拉，弦满时，推移秤锤称平，就能知道弓力的大小。

[解说]古代制造兵器时，凡特殊的弓与弩，大概都需要在制作完毕和使用之前试弓定力，也作为对弓箭的测量检查。我国

图5-17 《天工开物》中试弓定力图

春秋时期人们已有测量弓弹力
的器具与方法。其后许多典籍记
载了一些测试弓力及其变形的方
法，宋应星所述的这种方法是很
简便的，可看作一种测力实验。
而且他还将这种方法以图表示
（图5-17），只是图中未画出
"以足踏弦"，按文中的意思，
应为图5-18所示。

图 5-18　宋应星方法示意图

第四节　朱载堉的证伪实验

朱载堉，明代著名的律学家、历学家、数学家、音乐家、科学家。英国著名学者李约瑟这样评价他："世界上第一个平均律数字的创建人"，"中国文艺复兴式的圣人"。然而对于许多人来说，朱载堉是个陌生的名字。下面我们就来简要地介绍朱载堉的生平和业绩。

一、朱载堉生平和贡献

朱载堉（1536—1611），字伯勤，号句曲山人，河南怀庆府（今沁阳）人。他出身皇族，为朱元璋的九世孙，是明宗室郑恭王朱厚烷之子。其父能书善文，精通音律乐谱，朱载堉自幼深受影响，喜欢音乐、数学，聪明好学，11岁时被封为世子。在嘉靖二十七年（1548），皇族内部发生了争嫡夺爵的事件。他的父亲得罪了皇帝，因而被削爵禁锢起来，王位被人夺去，朱载堉也从王子降为平民。青年时期因悲其父无罪遭禁锢，他筑土室于宫门外19年，布衣蔬食，潜心学术，致力于乐律、历算之学的研究，撰写了大量学术著作。隆庆元年（1567），新皇登基，大赦天下。朱载堉的父亲恢复王位，朱载堉也恢复世子爵位。其父复爵后，他虽以世子身份重入王宫，但仍在学术研究中度过中年。万历十九年（1591），朱厚烷病逝，载堉为世子，本可承继王位，但他"累疏恳辞"，执意让爵，经15年7次上疏，才为皇上准允。让爵之后，他自

图 5-19　朱载堉像

称道人，迁居怀庆府，务益著书，从而为后人留下了丰富的著作。

朱载堉破故习，注重实践和实验，一生刻苦求真，呕心沥血，共完成20多部立说巨著。据《明史·艺文志》记载，朱载堉一生著有《乐律全书》四十卷、《嘉量算经》三卷、《律历融通》四卷、《音义》一卷、《万年历》一卷、《万年历备考》二卷、《历学新说》二卷，以及《醒世词》等，其内容涵盖了音乐、天文、历法、数学、舞蹈、文学等。

律学，是运用物理分析、数学验算等科学的分析方法，研究乐音体系中音高体制及其相互关系的科学。朱载堉是中国乐律史上一位集大成者，也是一位划时代的人物。他首创十二平均律（或称十二等程律、新法密率），提出了"异径管说"，设计并制造出弦准和律管，从律学上说，十二平均律的发明是音乐从古代走向近代的基础。新法密率的发明是朱载堉在中国律学史上作出的最大贡献，他通过严密的数理计算、大量的实验探索以及巧妙的工艺设计，一举解决了十二平均律制下全套律管的系统管口校正这一物理难题，确立了制作十二平均律音高标准器的基本规范，并成功地提供了第一个实际可行的制作方案、实物模型和测音结果。

他的"异径管律"理论，在物理声学史上也堪称重大事件。他利用不同的管径来缩小空气柱，弥补空气柱与管长之间矛盾所造成的误差，找到了较完满的吹管乐器的管口校正方法，保证了十二平均律律管发音的准确性。

图 5-20　《律吕精义》书影

在数学上，他第一个在算盘上进行开方计算，第一个得出求解等比数列的方法。

此外，他还创立"舞学"，绘制了大量舞谱。

总之，朱载堉的发明创造涉及科学、艺术领域。作为近代科学和音乐理论的先驱，他的发明代表了明代自然科学与艺术科学的最高成就。他不愧为我国明代的科学与艺术巨星，无愧于"东方文艺复兴式的人物"的称号。

二、律学知识简介

在讲朱载堉的证伪实验之前，我们介绍一点相关的律学基本知识。

1. 律

①产生乐音的有关法则：有生律法或律制之意。不同的生律法有不同的律制，如三分损益律，十二平均律，等等。②表示音高标准器，尤指律管。③表示律音。典籍中常称"高一律"或"低一律"，即高一个律音或低一个律音；在十二平均律中也就是高半音或低半音。④狭义的律，即律吕中的"六律"。

2. 律吕

即十二律的别称。十二律的名称按音高顺序依次为：

黄钟、大吕、太簇、夹钟、姑洗、仲吕、蕤(ruí)宾、林钟、夷则、南吕、无射(yì)、应钟。

按顺序，单数的六个律称为"六律"，又称"阳律"；双数的六个律，称为"六吕"，又称"阴吕"、"六同"、"六间"，如表5-1所示。

表5-1　十二律名

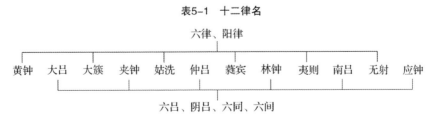

比上述十二律高八度或低八度的律名、音名，就在其上冠以"清"或

"浊"字。清黄钟、清大吕等比黄钟、大吕等高八度。浊黄钟、浊大吕等比黄钟、大吕等低八度。就弦长而言,加清字或浊字的八度组内各律,其弦长都比"正律"组内相应的各律短一半或长一倍。例如,清黄钟的弦长是黄钟的 1 / 2,浊黄钟的弦长是黄钟的 2 倍。所以,将清字组内各律称为半律,浊字组内各律称为倍律,不加前缀词的各律就是正律。浊、正、清各组内相应律的弦长构成倍、正、半关系。

3. 音阶

我国古代虽然没有"音阶"一词,但音阶概念还是有的。五声音阶和七声音阶分别称为"五声"、"七声"。五声的音级名称为宫、商、角、徵、羽。七声的音级名称分别为宫、商、角、变徵、徵、羽、变宫。

古代人称音阶的首音为"宫"。 从某一宫音起算,通过某种数学方法计算的结果又能回复到宫位,古代称之为"返宫"。 在一种音阶形式确定之后,不仅黄钟可以为宫,其他各律也可以"轮流为宫"。古代人称此为"旋宫"。

4. 律管

古人用来定音的管子。传说远古时黄帝命伶伦定十二律,伶伦截竹为管,以管之长短,分别声音之清浊、高下。乐器之音,即以此为准则。古人用十二个长度不同的律管,吹出十二个高低不同的标准音,用以确定乐音,这十二个标准音也叫十二律,如图 5-21 所示。律管先是竹制的,以后又有玉制、铜制的等。

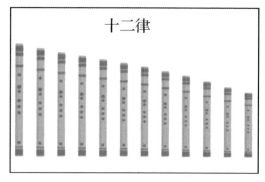

图 5-21　十二个长度不同的律管

律管一端为吹口,另一端为开口。十二支中最长的一支发黄钟音,命名为黄钟管。以黄钟管长为起始音,按三分损益法确定其余十一支律管的管长。中国历代所谓"定律",除少数用于新创律制外,一般指确定黄钟一律的音高；并以此为准，推算其他各律的律数。因此，历代的黄钟律就是历代的标准音高。中国古代有用律管来校正度量衡的规定，黄钟律管曾用作汉代法定的律、度、量、衡基准器。

在江西省博物馆玉器展柜的一角，陈列着两件玉管，没有雕刻任何纹饰。稍粗的玉管长20厘米左右，稍细的约18厘米。这两根玉管不仅能演奏，而且还是两千多年前汉代法定的度量衡基准器，称为"黄钟律管"，如图5-22所示。

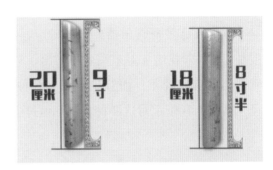

图5-22 海昏侯墓出土的玉质黄钟律管

十二律的十二个音对应着十二根律管，最长的律管发出的音最低，最短的律管发出的音最高。每根律管的长度都是固定的，十二根律管的长度之间有一定比例。

5. 定律

中国古代用振动体的长度来计算音律，那么当时用以计算音律的振动体到底是什么？是弦，还是管？也就是说，当时是用弦的长度计算音律呢，还是用管的长度计算音律呢？我们知道，用弦定律与用管定律，有很大的差距。因为管（气柱）发音时，管内气柱有一部分突出在管口的外面。因此，用管定律，必须先求得管长度与气柱长度之间的差距规律，对管长度作"管口校正"。例如，以黄钟管长为起始音，按三分损益法确定其余十一支律管的管长。显然，这样的一套律管若未经管口校正，除黄钟一管外，其余十一支管的音高都是不准的。因此，有人断言："竹声不可以度调。"而据《管子·地员篇》中所述，古时曾经用弦定律，过去有的律学研究者，也曾明确提出用弦定律。

古代人"以弦定律，以管定音"，所以，既有弦式调音定律器，又有管式调音定律器。

6. 管乐器的末端效应和管口校正

古代中国人既用弦式调音定律器，也用管式调音定律器。由于开口管内空气柱的惯性作用，管乐器的发音比与其同长的弦发音要低一些。这就是管乐器的末端效应。

古代人已发现管乐器的末端效应，从汉代以来就受到乐律家的重视，但是，直到朱载堉才对末端效应做出了清楚的实验和文字记述，认为必须对管乐器作管口校正，而管口校正有两种方法：一是缩短管长，一是缩小管径。古代的音乐家对这两种方法都做过尝试。

三、朱载堉的证伪实验

起初，朱载堉对于倍半长度的同径管并不相和感到疑惑。朱载堉作了各种律管实验，作为判决，最后决定以缩小管内径的方法校正管口。他写道：

[原文] 琴瑟不独徽位之有远近，而弦亦有巨细焉；笙竽不独管孔之有高低，而簧亦有厚薄矣。弦之巨细若一，但以徽柱远近之可别也；簧之厚薄若一，但以管孔高低别之不可也。譬诸律管，虽有修短之不齐，亦有广狭之不等。先儒以为长短虽异，围径皆同，此未达之论也。今若不信，以竹或笔管制黄钟之律一样两枚，截其一枚分作两段，全律、半律各令一人吹之，声必不相合矣，此昭然可验也。又制大吕之律一样两枚，周径与黄钟同，截其一枚分作两段，全律、半律各令一人吹之，则亦不相合。而大吕半律乃与黄钟全律相合，略差不远。是知所谓半律皆下全律一律矣。……是以黄钟折半之音不能复与黄钟相应，而下黄钟一律也，他律亦然。

[注释] 徽位：原指古琴上的音位。巨细：大小，粗细。修短：长短。广狭：宽与窄的程度，或指面积大小。先儒：古代儒者。围径：圆的周长。未达：未通晓事理，未理解。枚：（量词）支，根，个。昭然：显而易见，明显。律：朱载堉认为律亦管。

[译文] 琴瑟不仅徽位有远近，而弦亦有粗细；笙竽不仅管孔有高低，而簧也有厚薄。如果弦的粗细一样，但以徽柱远近则可区别；如果簧的厚薄一致，

但以管孔高低不能区分。譬如各律管，虽有长短不齐，也有宽窄不等。先儒以为各律管长短不同，圆周长可相同，这是未通晓事理的言论。今若不信，以竹或笔管制黄钟律一样两支，截其一支分作两段，全律、半律各叫一人吹试，声必定不相合，此为明显验证。再者，制大吕律一样两支，圆周长与黄钟同，截其一支分作两段，全律、半律各叫一人吹试，也不相合。而大吕半律则与黄钟全律相合，差别不大。于是知所谓半律皆为全律的下一律。……（实验结论）所以黄钟折半之音不能复与黄钟相和，而与黄钟下一律相和，其他各律也是这样。

[解说] 根据上面的实验叙述，半黄钟管不与黄钟管相和，而与倍应钟管相和。倍应钟是黄钟的"下一律"或低一律。换言之，黄钟管不与半黄钟管相和，而与半大吕管相和。半大吕是半黄钟的"下一律"或高一律。这是朱载堉有关管乐器的实验结论。管律与弦律相同的说法被朱载堉以实验证伪。按照朱载堉的实验结论，倍半的律管不正好是八度，而是略大七度。看一下表5-1中的律名次序就一目了然。朱载堉发现的正是管乐器末端效应：由于开口管内空气柱的惯性，管乐器的发音要比与其同长的弦低一些。

朱载堉的成就是对音乐和声学的巨大贡献。19世纪，在他的思想启发下，徐寿又一次做律管实验，并发现管口校正数。徐寿将他的成果发表于英国《自然》(Nature)周刊，这是中国学者第一篇刊载于国外自然科学杂志上的学术论文，这里不再赘述。

第五节　郑光祖的物理实验研究

一、郑光祖及其《一斑录》

郑光祖，字企先，号梅轩，又号青玉山房居士，常熟东张人，生于1776年，卒于1867年。郑光祖幼年时聪慧过人，并且十分孝顺。他幼年丧母，精神受到很大打击。年少曾随父宦游云南，足迹遍布西南诸省，数度应举不第。郑光祖淡泊功名利禄，而"志好研穷"，他将自己长期观察自然的心得和游历见闻记录下来，这便是与其相伴一生的《一斑录》的由来。历经二十余年，至道光二年（1822）写成初稿，道光八年（1828）、道光十五年（1835）、道光十八年（1838）、道光二十五年（1845），先后增补删改四次，可以说为此书耗费了毕生的精力。

据《一斑录》自序，作者"抒一己独得之言，多出臆见，违大众同然之论，其用意'总期醒世'，故书又名《醒世一斑录》"。该书初刊于道光十九年（1839），后来作为郑光祖辑《舟车所至》丛书的附录，道光二十三年（1843）由青玉山房雕版印行，之后又多次校正重刊。

《一斑录》共分天地、人事、物理、方外、鬼神五类（五卷）。内容涉及天文、水利、地理、几何、生物、物理、度量衡、医药等自然科学知识，杂述部分主要是作者游历见闻实录，是继北宋沈括《梦溪笔谈》之后，我国古代又一部百科全书式的科学笔记。

图 5-23　《醒世一斑录》书影

二、郑光祖的声学研究

《一斑录》中声学方面记载有五条，下面略举二例。

1. 地上隔声房

前面我们介绍了明代姚广孝所建造的地下吸声墙与隔声房，这是一项创举。到了清代，吸声墙与隔声房已不再是什么秘密，隔声建筑就出现在地面上了。郑光祖在《一斑录》卷三《物理·声影皆有微理》中曾记述道：

［原文］人家墙壁以空瓮横砌而成，使口尽向（屋）内，则室中所作之声皆收入瓮，不达于外，贴邻不克闻也。

［注释］尽：全部，都。达：到达。贴邻：近邻；隔壁邻居。不克：不能。

［译文］有的人家的墙壁是用空瓮横着砌成的，使瓮口都向屋内，于是屋内所发的声音都被收入瓮，不会到达屋外，即使隔壁邻居也听不到。

［解说］利用陶瓮等大小瓦器建造吸声墙与隔声房，是中国古代人的一大创造。这种吸声墙，因为是瓮口方向一致地排列砌成的，像多孔的板壁，起到吸收声音的作用。

2. 竹筒地听

古代中国人创造并发明了多种形式的地听器。古人利用日常生活用具或军士所用器具，如陶瓮、竹筒、胡鹿枕、空瓦枕、牛皮箭套等，当作地面传声的地听器，这是世界声学史上的创举。郑光祖在《一斑录》卷三中记载的另一种地听器，即去节的竹筒。原文如下：

［原文］凡平地数十里外人马大众行声，可探之于地下。法以四五尺大竹通去其节，直埋入地，留尺上出，以耳就之，其声轰轰然。

［注释］凡：凡是、平常，通常。大众：众多的人。法：方法。就之：接近，靠近。轰轰然：轰轰作响，声音甚大。

［译文］凡是平地上数十里外大队人马的行走声，可于地下探听。方法是取四五尺长的大竹竿，去其节，使贯通。直埋入地下，留有一尺竹筒出地面，耳朵靠近竹筒谛听，其声甚大，轰轰作响，就能听见远处人马声。

[解说]这种方法与古代的"瓮听"、"地听"一样，都是利用固体传声和气腔共振的原理。古人不仅利用去节的竹筒作为地听器，监听地面传播的声音，而且在湖泊海洋中用它探听鱼群的方位，使其成为现代声呐的始祖。明代田汝成的《西湖游览志余》、李时珍的《本草纲目》和王士性的《广志绎》等著作中，均有此类描述。

从春秋战国之际开始，到清代中晚期，我国典籍中有关地听的记载如此丰富，而且连续不断，这也是世界科学史上罕见的。人们在长期的经验中总结了"虚能纳声"的道理。

三、郑光祖的光学研究

1.光的折射现象

郑光祖对光学也有研究，他在《一斑录》卷三《物理》中记述道：

[原文]舟上撑篙，篙入水如曲。渔人猎鱼鳖，照所见，不获也，须求之于下乃获。碗中置一钱于底，遥望不克见，注水于碗，令极满，则钱影浮于水面。

[注释]曲：弯曲。猎：捕捉。照：按照，朝着。克：能。

[译文]船上撑篙，篙入水好像弯曲了。渔人捕鱼捉鳖，如朝着所见的影像去捉，捉不到。必须到影像的下方，才能捕捉到（图5-24）。将一铜钱放在碗底，在远处看不见，若把碗里盛满水，则钱的影像似乎浮于水面。

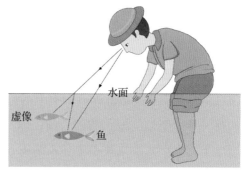

图5-24　渔人叉鱼要叉鱼的下方

[解说]这是叙述光线发生折射现象的三个例子。光线由空气入射于水中时，由于介质密度不同而发生折射，故成像在较浅处，甚至使钱影浮于水面。方以智的《物理小识》中亦有类似记载。

2.球面镜成像

郑光祖在《一斑录》卷三《物理》中讨论过球面镜成像，原文如下。

[原文]铜镜面凸者，物被照入，影收而小。面凹者，切近照之，影正而加大；远照之，影亦倒。

[注释]影收而小：成缩小虚像。物被照入：镜子照到物体全部。切近：贴近，靠近。

[译文]凸面铜镜成像，是正立、缩小的虚像（图5-25）。凹面镜成像，当物体放在焦点之内时，成正立而且放大的虚像（图5-26）。当物体放在球心与焦点之间，或放在球心之外时，则成倒立的实像（图5-27）。

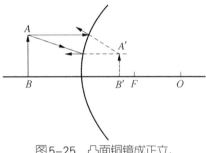

图5-25 凸面铜镜成正立、缩小的虚像

[解说]由郑光祖所述可知，球面镜也可以使物体成像。物体离球面镜的距离不同，所成的像也不同。关于球面镜成像，在郑光祖之前，《墨经》的作者和宋代的沈括都详细研究过。郑光祖对球面镜成像所作的讨论，是与先人的研究结论一致的，用现在几何光学的观点来看，也是正确的。

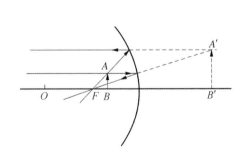

图5-26 凹面镜成正立、放大的虚像

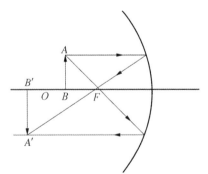

图5-27 物体在球心与焦点之间，凹面镜成倒立实像

第六节　张岱《夜航船》中的物理实验

一、张岱及其著作《夜航船》

1. 张岱简历

张岱 (1597—1679)，字宗子，又字石公，号陶庵，别号蝶庵居士，山阴 (今浙江绍兴) 人，明末清初著名的文学家、史学家，在文学方面有极高的造诣，尤其以散文和小品文而著名，著有《陶庵梦忆》、《西湖梦寻》、《三不朽图赞》、《夜航船》等文学名著。

张岱出身仕宦家庭，早岁生活优裕，在清军入关明亡后不仕，入山著书。一生

图 5-28　张岱画像

淡泊功名，具有广泛的爱好和审美情趣。他好山水，晓音乐，能弹琴制曲；精戏曲，编导评论追求至善至美。

2.《夜航船》简介

《夜航船》的内容非常丰富，分成天文、地理、人物、考古、伦类、选举、政事、文学、礼乐、兵刑、日用、宝玩、容貌、九流、外国、植物、四灵、荒唐、物理、方术，共二十大类，全书共计二十卷，收录四千多个条目，是一部比较有规模的古代百科全书。

张岱为什么把他的著作取名《夜航船》呢？古时候南方水乡的人们外出都要坐船，在时日缓慢的航行途中，坐着无聊，便以闲谈消遣。其中乘客有文人学士，也有富商大贾，有赴任的官员，也有投亲的百姓。各色人等应有尽有，谈话的内容也包罗万象，《夜航船》一书即记载其言论。

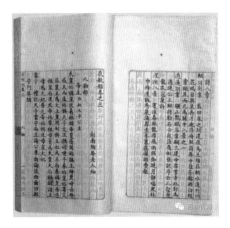

图 5-29 《夜航船》书影

二、《夜航船》中的物理实验

1.纸铫煎茶

张岱在《夜航船》中指出：

［原文］鸡子白调白矾末刷纸，作铫子煎茶，沸而不烧其纸。

［注释］鸡子白：鸡蛋清。白矾：明矾。铫子：煎药或烧水用的器具，指锅或壶。

［译文］用鸡蛋清与明矾粉末和匀涂刷纸上做成锅，放在火焰上煎茶，水沸而纸不燃。

［解说］"纸锅烧茶"，顾名思义，就是用纸折成锅来烧茶水。乍一看，觉得不可思议，纸锅怎么能烧水呢？一点火，纸不就着火了吗？其实，只要操作得当，真能把水烧开，而纸不燃。这有其道理。

因为纸的燃烧点是170℃，水沸腾只需100℃。在用纸锅烧水的时候，由于热传导，纸的温度不会超过100℃。热量是从高处往低处流的，如果纸上的温度超过了100℃，热量就会传给水，而随着水蒸气的蒸发，还会带走一部分热量。所以纸上的温度一直低于100℃，就这样，可以把水烧开，而纸不燃。

所谓操作要得当，是要注意：纸锅里的水不能干，同时注意纸锅水面以上不接触火焰，纸就不会燃烧。为了防止纸锅水面以上部分被火焰燃烧和纸锅渗水现象发生，同时也为了增加纸铫承受水的压力，在纸锅上涂上鸡蛋清与明矾混合物，实验就容易获得成功。

八年级物理书上的"纸锅烧水"实验，可能就是从"纸铫煎茶"演变过来的，而"纸锅烧水"更具有说服力。有的老师也曾向学生演示过这种实验，引起学生很大的兴趣。

2. 空中飞蝶

"鸡子举飞"实验在古代典籍中多有记载，如前所述，在《淮南万毕术》、《太平御览·方术部》以及《物类相感志》中，均作了叙述。张岱介绍了另一种方法，他在《夜航船》中指出：

[原文] 竹内膜纯阴，将酥涂其上，见太阳即飞，名飞蝴蝶。

[注释] 竹内膜：竹子内壁上的薄膜。酥：酥油。

[译文] 从竹子中取出竹膜，将其做成球状，在接口处内侧涂上适量酥油，使竹膜像一个吹足空气的气球，放在太阳下晒，竹膜球便会飞向空中，名曰飞蝴蝶。

[解说] 这好像是经过改进的"鸡子举飞"实验。

飞蝴蝶能飞的道理或许是：把竹膜放在太阳下加热，竹膜球内部空气受热膨胀，当球内空气压力较大时，空气从酥油黏合处冲开一个缺口，这样气体对竹膜球产生反作用力，使竹膜球飞向空中。

同前文《物类相感志》中介绍的"鸡子举飞"实验相比，张岱介绍的方法，也许更易成功，因为竹膜质量极轻，容易起飞。

3. "首泽浮针" 实验

把一根缝衣针往水里一丢，它就会沉入水底，因为针的密度大于水的。然而若把头皮上油脂（首泽）涂在针上，则针可以浮在水面，这就是所谓"首泽浮针"。刘安在《淮南万毕术》中云："首泽浮针：取头中垢，以涂塞其孔，置水即浮。" 张岱在《夜航船》中写道：

[原文] 取头垢涂针，及塞针孔，水上自浮。

[注释] 头垢：头皮上的污垢，分泌的油脂。及：并且，以及。

[译文] 用头皮上分泌的油脂涂在针上，并且涂塞针孔，针会浮在水面

上，而不下沉（图 5-30）。

[解说]《淮南万毕术》仅指出用
头垢（油脂）涂塞针孔，《夜航船》则
指出除用头垢涂塞针孔外，还应将头垢
涂针。 其实，用头垢涂针才是最重要
的 。 取头垢涂针，把针平放在水面上，
因针表面有油脂（头垢），针与水之间
的接触角增大，水不浸润针，由于表面

图 5-30 水浮绣针实验

张力的作用以及水的浮力，针能浮在水面上，而不下沉。

这个针浮水面的实验，在历代一直流传着，由此联想到一种古老的民间
风俗： 农历七月七日之午丢巧针。 明刘侗、于奕正《帝京景物略》卷二云：
"七月七日之午丢巧针，妇女曝¹盎²水日中，顷之，水膜生面，绣针投之则
浮。"这里，所谓"水膜生面"，即日光照射一定时候的水，其表面出现了
许多气泡薄膜，仔细地将针放在水面上而不下沉。看投针于膜上时水底针影
的图案纹样，以验智巧。如果针影成云彩、花朵之形，或细直如针形，便是
"得巧"，如果水底针影粗如槌，或弯曲不成形，则表示没有乞得巧。"丢
巧针"或"投花针"这种表演或许是由《淮南万毕术》所载" 首泽浮针"实
验演变而来的。

---

1 曝：用强烈阳光照晒。
2 盎：腹大口小的盛物洗物的瓦盆。

第七节　长于动手的黄履庄

　　明末清初，我国涌现出很多能工巧匠，其中年轻的发明家黄履庄，精于计算，长于动手，能够制作一些"奇器"，构思巧妙，令人叹为观止，在我国古代科技创新史上占有突出的地位。下面介绍一下黄履庄的生平事迹以及他做的物理实验——器中喷泉。

一、黄履庄生平

　　黄履庄（1656—?），广陵（今扬州）人，清初制器工艺家（图5-31），在工程机械制造方面有很深的造诣，毕生刻苦钻研，创造发明很多，制有诸镜、玩器、水法、验器等。其发明的"瑞光镜"可起到探照灯的作用，康熙年间，黄履庄就制造出了自行车（图5-32），又创造了"自动戏"、"自行驱暑扇"、"验冷热器"（即温度计）和"验燥湿器"（湿度计）等。黄履庄将自己的发明写成了《奇器图略》，可惜这本书失传了，连他的所有发明都消失在历史的长河中。下面摘引张潮《虞初新志》卷六所记戴榕写的"黄履庄小传"，译成白话文，供参考。戴榕是黄履庄

图 5-31　黄履庄像

图 5-32　黄履庄制的木自行车

的表兄弟，此"小传"是对黄履庄的追忆。

"黄履庄是我的姑表兄弟，从小就很聪明，读书没有几遍，就能背诵。他暗地拿来木工用的刀斧锤凿，制作了一个一寸多长的木头人，放在桌上能够自己行走，手脚都能动起来，看的人都觉得十分奇异神妙。十岁后，他父亲去世，他来到广陵，与我同住。于是，他学到了欧美几何、机械、物理等学问，他的制作技艺随之进一步长进。曾制作了一些小物件自娱，看到的人都争着出高价购买。……"

"他的制作很多，我不能全部记下来。但还记得他曾制作了一辆双轮小车，长三尺多，大约可以坐一个人，不烦人推拉，能自己行动。如果停下来了，用手拉一拉车轴旁的曲柄，就又能走动起来。停了就拉，停了就拉，每天足可以行八十里。他又制作了一个木狗，放在门的一侧，像一般的狗那样蜷伏着睡在那里，只是人一旦走进大门，碰到机件，狗就立即不停地吠叫起来，声音与真狗没有不同，即使是再聪敏的人也不能辨别出是真是假。他又制作了一只木鸟，放在竹笼子里面，能够自己腾跳、飞舞、啼叫，声音就像画眉鸟，凄婉激越，十分动听。他又制作了一口盛水器皿，把水倒进去，水就从下往上抛射，就像一条直线，高五六尺，一个多时辰也不停。他的制作都是这样的奇妙，不可能全都记下来。"

二、器中喷泉

徐珂在《清稗类钞·第五册·工艺类》中记载有黄履庄作的水器，可以表演喷泉现象，原文如下。

[原文]少聪颖，尤喜出新意，作诸技巧……作水器，以水置器中，水从下上射如线，高五六尺，移时不断。

关于器中喷泉的制作方法，戴榕在《黄履庄小传》中写道：

"一线泉，制法不等；柳枝泉，水上射复下，如柳枝然。"

[注释]移时：经历一段时间。不断：没有终止和不间断。不等：不一样；不同。

[译文]黄履庄从小就很聪明，特别喜欢想出新主意，制作各种奇巧物品。他制作了一种盛水器皿，把水倒进去，水就从下往上喷射，就像一条直线，高五六尺，一个多时辰也不停。

器中喷泉有各种式样：一线泉，制法不同；柳枝泉，水上射再落下，像柳枝那样。

[解说]黄履庄制作的"水器"没有详细记录，使人很难猜透其中奥秘。至于器中喷泉制作方法，最常见的是水压法和气压法。

水压法是将水器与水源（水箱或水池）接一连通管，连通管接水器的一端竖直向上，当水源位置高于水器时，水通过连通管从水器喷出。

气压法是通过改变喷泉装置内的空气压强来实现的。如图5-33所示，在两个未装满水的密封容器中各竖直插入一根直管，直管一端没入水中，另一端露在器外，两直管露在器外的那一端，一根做成喷嘴型，一根接一漏斗。另用一根弯管，两端分别插入两容器中，使两容器空气连通。此时，向漏斗中注水，喷嘴管顶端就会有水喷出。因为在漏斗中注水后，水进入连接漏斗的容器，该容器中的水

图5-33　气压法示意图

位上升，使两容器中空气压力增大，这个压力迫使连接喷水管的容器中的水从喷嘴喷出。

第八节 清代前期学者的实验研究

清朝的 260 余年中，若以鸦片战争（1840—1842）之前为前期，鸦片战争之后为后期，则可以看出，前期是以中国学者自己发展物理学研究为主的时期；后期是以介绍西方近代物理学知识为主的时期。本节我们介绍前期若干中国学者（除方以智、宋应星之外）所做的物理实验研究，他们是徐珂、张英、王士祯和刘侗。

一、鱼洗喷水

古代称"洗"的东西，形状颇似今天的洗脸盆，有木洗、陶洗和铜洗。盆里底上刻鱼的称鱼洗，刻龙的称龙洗，有一种能喷水的铜质鱼洗，称为喷水鱼洗。喷水鱼洗是古代一种特制的铜盆，盆边有对称的两耳。注水于洗内，摩擦其双耳，盆内便能喷射出美丽的水柱，有时水柱喷射甚至高达半米以上，在水面形成缤纷的浪花，如图 5–34 ~ 5–36 所示。

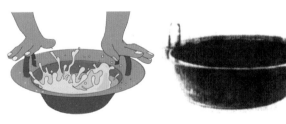 

图 5–34 鱼洗喷水　图 5–35 浙江博物馆所藏喷水鱼洗　图 5–36 喷水鱼洗纹饰示意图

能表演喷水现象的鱼洗起源于北宋后期。宋代王明清的《挥尘录·前录》、何薳的《春渚纪闻》中都有记载。其后，清代徐珂在《清稗类钞》中亦有描绘。

徐珂（1869—1928），原名昌，字仲可，浙江杭县（今杭州市）人，光绪年间举人。徐珂待人接物，和蔼可亲，又十分风趣，喜填词，先后任商务印书馆编辑、《东方杂志》编辑。徐珂没有一天不写作，编著有《清稗类钞》、《历代白话诗选》、《古今词选集评》等。

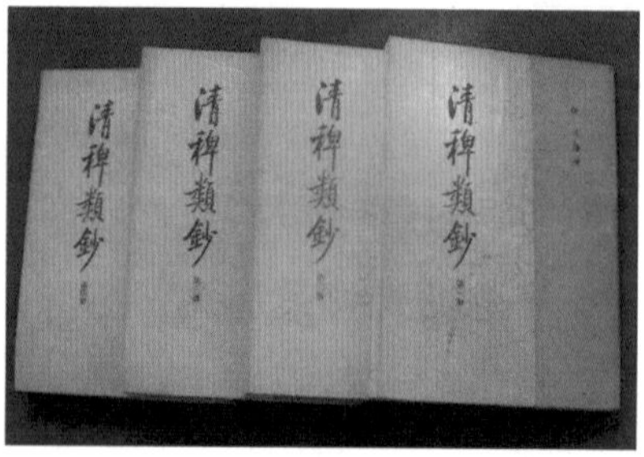

图5-37　《清稗类钞》书影

关于鱼洗，徐珂在《清稗类钞》中写道：

[原文]古州城外河街，有陈顺昌者，以钱二千向苗人购一古铜锅，重十余斤。贮冷水于中，摩其两耳，即发声如风琴、如芦笙、如吹牛角。其声嘹亮，可闻里余。锅中冷水即起细沫如沸水，溅跳甚高。水面四围成八角形，中心不动。传闻为古代苗王遗物。锅上大下小，遍体青绿，两耳有鱼形纹。后归李子明。

[注释]古州：历史地名，位于我国西南地区。陈顺昌：人名。苗人：苗族人。芦笙：为西南地区苗、瑶、侗等民族的簧管乐器。牛角：民族乐器。细沫：细泡。四围：四周，周围。李子明：人名。

[译文]古州城外河街，有个叫陈顺昌的，用两千钱从苗族人手上买了一古代铜锅，重十多斤。里面盛了冷水，摩擦锅的两耳，即发声，如风琴、如芦笙、如吹牛角，其声嘹亮，一里之外都可听到。而且，锅中冷水即起细泡如沸水，水花溅起甚高。水面四周呈八角形，中心水不动。传说这是古代苗王的遗物。锅上大下小，全身都是青绿色，两耳有鱼形的纹样，后归李子明所有。

[解说]鱼洗为何能喷水？当然不是盆底刻画的鱼或龙突然显神通，而是有其科学道理。用物理语言来说，是由摩擦引起的自激振动。简单说来，就是一个能量传入的过程。手摩擦双耳（又称作弦），赋予鱼洗振动的能量。在鱼洗周壁对称振动的拍击下，鱼洗里水发生相应的谐和振动。在鱼洗的振动波腹处，水的振动也最强烈，剧烈的振动使水具有的动能大于水表面张力

限定的势能，且能克服重力向上运动，水便能从水面飞出，喷射出美丽的水柱，在水面形成缤纷的浪花。

鱼洗的发现是我国科技史上光辉的一页，反映了我国古代匠师的高超技艺和非凡的设计思想。我国古代的喷水鱼洗，现今在杭州、大连、重庆等地的博物馆里都可见到，这种奇妙的鱼洗曾多次在国内外展出，成为最引人注目的展品之一。近年来我国有些院校复制了不少鱼洗，这些鱼洗被国内外学者所珍藏。如今，鱼洗已成为一些大学课堂上的演示实验仪器。

二、 挥箸击瓯

我国晚唐时代，击瓯作乐风靡一时，用一些越瓯、邢瓯注以多寡不同的水，击以成乐，声音极其美妙。这事有些典籍有所记载，清朝张英、王士禛所撰《渊鉴类函》的卷331《巧艺部·杂技》中就有此类记述。

张英，字敦复，号乐圃，生于明崇祯十年（1637），卒于清康熙四十七年（1708），安徽桐城人。康熙六年（1667）进士，曾被授以编修职务，入直南书房，官至文华殿大学士，兼礼部尚书。先后充任纂修《国史》、《一统志》、《渊鉴类函》、《政治典训》、《平定朔漠方略》总裁官。卒后谥号文端。张英"六尺巷"的故事成为一段历史佳话。

图 5-38 张英画像

王士禛 (1634—1711)，原名王士禛，字子真、贻上，号阮亭，又号渔洋山人，人称王渔洋，谥文简，新城（今山东桓台县）人，常自称济南人，清初杰出诗人、学者、文学家。一生著述达500余种，作诗4000余首，主要有《渔洋山人精华录》、《蚕尾集》，杂俎类笔记《池北偶谈》、《渔洋文略》、《渔洋诗集》，等等，与张英等人撰类书《渊鉴类函》。

《渊鉴类函》是清代官修的大型类书。所谓类书，是我国古代一种大型的资料性书籍，辑录各种书中的材料，按门类、字韵等编排以备查检，例如《太平御览》、《古今图书集成》。《渊鉴类函》系张英、王士禛、王掞等撰，共计450卷，45个部类，以《唐类函》为底本广采诸多类书集成此书，博采元、明以前文章事迹，陈述纲排列目，汇集成一编，务使远有所稽，近有所考，源流本末，一一灿然。

《渊鉴类函》记载的"挥箸击瓯"，其原文如下。

图 5-39　王士禛画像

［原文］唐大中初，郭道原善击瓯，用越瓯、邢瓯十二，旋加减水，以箸击之，其音妙于方响。

［注释］大中：唐宣宗李忱的年号。宣宗在位时间：公元847—859年。郭道原：据段安节《乐府杂录》记载，郭为太常寺调音律官。瓯：杯子。越瓯：越窑所产的茶瓯。邢瓯：邢窑所产的瓷瓯。旋：临时。箸：筷子。方响：古代中国的一种打击乐器。

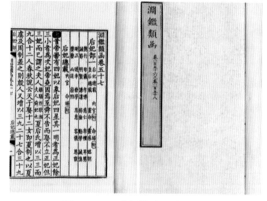

图 5-40　《渊鉴类函》书影

［译文］唐大中初年，有一个名叫郭道原的人善于用杯子奏乐，他用越瓯、邢瓯共12只，根据乐音需要临时在瓯中倒入适量的水，以筷子轻击瓯沿，声音悦耳动听，效果比乐器方响还好。

［解说］这是一个振动发声的实验。表演时改变杯中水位的高低，当敲击杯子时，杯体的声音会产生变化。演奏前仔细调好各个杯中的水位，将杯子按音调高低有序排列，然后用筷子依乐谱轻击相应的杯子，就能奏出动人的乐曲。

三、杯中显"影"

酒杯中的显"影"现象，在中国古籍中多有记载。宋代何薳在其著作《春渚纪闻》卷九中描写了一种"鲫鱼杯"，宋代《真率笔记》中描写了一种"青华酒杯"。这些杯盛酒后，可以显示小鱼或小花形之类的影像，酒干后则不可见。显然，杯中显"影"并非偶然，它是人们对酒杯特意加工后形成的。出现于杯中这些令人惊讶的光学现象，原来是应用了复合透镜的原理。关于这种奇妙的酒杯，清代张英、王士禛在《渊鉴类函》卷384《杯》中也有记载。他们援引《真率笔记》中的叙述：

[原文] 真率齐笔记云：关关赠余本明以青华酒杯，酌酒辄有异香在内，或有桂花，或梅，或兰，视之宛然，取之若影，干则不见矣。

[注释] 真率齐笔记：《真率笔记》。关关和余本明：均为人名。酌：斟酒。辄（zhé）：总是，就，则。宛然：真切，清晰。

[译文] 《真率笔记》中说：关关将青华酒杯赠送给余本明。用这种杯子饮酒时，就会闻到奇异的香味，香味或如桂花，或如梅花，或如兰花。看杯中之花，宛如真花，用手勾取，则如幻影一般。酒喝干之后，花也不见了。

[解说] 我国古代所谓的显影酒杯有青华酒杯、鲫鱼杯，还有蝴蝶杯，同属一类，都是一个道理，杯的外形如图5-41（a）所示。

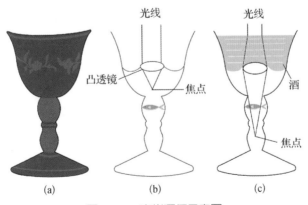

图5-41 青华酒杯示意图

这种酒杯是怎样制作的呢？原来是在杯内底放入一枚凸透镜，于凸透镜下嵌一细小的鱼形或花形物，如图 5-41（b）所示。当杯内不盛酒时，鱼、花的位置在凸透镜的焦点以外，它通过凸透镜造成的实像与人眼在同一侧，人眼一般看不清楚。斟酒入杯后，从图 5-41（c）可以看出，酒的截面中间薄、旁边厚，因此酒成了一个凹透镜。凸透镜与凹透镜组合成为复合透镜，因为凹透镜具有发散的性质，所以复合透镜的焦距比凸透镜的焦距长，鱼、花等便落在复合透镜焦距之内，造成放大的虚像，大约位于明视距离处，此时复合透镜起放大镜作用，故人眼很清楚地看到放大了的鱼或花。酒干，鱼或花则随之隐去。

四、 迎风转秫

有种儿童玩具叫风车，有的读者儿童时代可能玩过，它唤起一代人儿时的回忆。风车历史悠久，原名"吉祥轮"、"八卦风轮"等，那么，古代的风车是如何制作的呢？明末刘侗和于奕正所著《帝京景物略》中有所记载。

《帝京景物略》主要介绍明代北京地区的私家园林、寺庙祠观、山水名胜以及相关历史掌故，还有文物遗迹和风土人情，其中包含若干关于园林的记述文字，具有很高的史料价值。

于奕正（1597—1636），明代宛平（今北京）人，字司直，喜好山水金石，著有《天下金石志》，与刘侗合撰《帝京景物略》。所写《钓鱼台记》，不失为一篇明代游记名作。刘侗是"竟陵派"散文作家，生卒不详。

图 5-42 《帝京景物略》书影

《帝京景物略》卷二《城东内外》中，这样描述风车：

[原文] 剖秫秸二寸，错互贴方纸，其两端纸各红绿，中孔，以细竹横

安秫竿上，迎风张而疾趋，则转如轮，红绿浑浑如晕，日风车。

[注释]剖：破开。秫秸：去掉穗的高粱秆。错互：交错。疾趋：很快地走，小跑。浑浑：不分明，浑然。晕：日晕，日光通过云层中的冰晶时，经折射而形成的光的现象，围着太阳成环形，带有彩色，通常颜色不明显。

[译文]将去掉穗的高粱秆截成若干段，每段长二寸，剖开。分别把红纸、绿纸剪成方形，并把它们交叉地贴在高粱秆的两端。把高粱秆也交叉放在一起，在交叉的高粱秆的中部钻孔，用细竹一端穿过小孔作为转轴，手持细竹另一端，逆风快走，纸片张开，高粱秆快速转动，状如飞轮。此时，红绿两种颜色就像日晕那样浑然一体，形成十分美丽的色环，人们称它为风车。

[解说]风车（图5-43），既是一种民间玩具，又是可以进行利用风能推动秫秸转动的实验，实验演示了颜色的合成。风车虽是一种儿童玩具，但也可以启迪思维，激发智力。

图5-43　风车

第九节　郑复光的光学研究

清代以郑复光和邹伯奇为代表的光学研究，不但继承了中国古代传统的光学知识，而且充分吸收了传入的西方光学知识，实现了中国近代的中西科学思想的融合，成为中国光学史上的里程碑。本节我们介绍郑复光的科学成就。

一、郑复光与《镜镜詅痴》

1. 郑复光生平

郑复光（1780—? ）清代著名科学家，字元甫，号浣香，安徽歙县人。

郑复光自幼性格沉默，好深思。他少年时入家塾读书，稍长，以监生入北京国子监就读，那里学习条件优越，他又刻苦好学，学业大有长进。不过，真正为他日后成为一个科学家奠定了基础的，还在于他对自然科学的兴趣。他爱好广泛，博览群书，勤于思考，还喜爱摆弄和探究各种光学器具，这些为他后来从事几何光学研究做了准备。

郑复光真可谓"行万里路，读万卷书"，青少年时曾随父亲到过古城扬州，后又游历大江南北很多省份，在北京参观观象台，考察天文仪器，尤对望远镜感兴趣。读书方面，他对历代技艺之作爱不释手，除《墨经》、《考工记》、《梦溪笔谈》等书外，小说笔记中凡有光学文字也要一睹为快，而明末耶稣会士汤若望（ohann Adam Schall von Bell，1592—1666）所著的《远镜说》成为他此后研究光学的入门书。

图 5-44　郑复光像

　　他在游历中注意考察，广结名流学者、能工巧匠，这为他在科学技术研究上取得多方面成就提供了条件。他的成就主要在数学、物理和机械制作等方面，而以物理学中的光学研究最为突出。

　　在物理学方面，大约在 19 世纪初期，郑复光受扬州"取影灯戏"和广东"量天尺"的启发，开始研究光学问题，进行光学实验，研制光学仪器。1819 年冬季一个晴朗的日子里，他在东陶（现江苏东台）做实验，证明古代关于冰透镜取火的记载确凿可靠。他还根据实验情况，从理论上对影响冰透镜取火的各种因素做了探讨，得出了基本正确的结论。他的这种求实精神，实在令人钦佩。

　　郑复光经过数十年的观察、实验和研究，终于在道光十五年（1835）前后归纳出一套具有独特形式的几何光学理论，著成《镜镜诠痴》一书。该书集当时中西光学知识之大成，于道光二十六年（1846）出版。

　　1842 年，郑复光将当时人们认为怪异不可解的各种自然现象，按天地、日月、星辰、风云、雷雨、霜雪、寒暑、潮汐、饮食、器皿、鸟兽、虫鱼等方面，归纳成 225 条，采用问答式写法，用热学、光学等原理加以系统阐释，撰写了《费隐与知录》一书。这虽然是一本普及性读物，但在一定程度上反映了我国当时的科学水平，而且也包括了郑复光自己的一些新见解。郑复光的科学思想，相当一部分也见于这本书中。

　　另外，郑复光在研究光学问题的过程中，他边钻研、边实验，并把自己领悟的光学原理应用到具体光学仪器的制作中，制造出了白天黑夜均可放映的幻灯机，还制造了一架望远镜。用这架望远镜对神秘的天空进行实验观测，观察月球，清晰可辨，使观者非常惊奇。

　　郑复光做学问的突出特点是以实验为基础，在大量实验的基础上，推求出光学的原理来。他不是拘泥于前人的成就，一味玩弄舶来品或重复西方早期的粗浅理论，而是勇于探索，注重实践，在艰难的条件下，进行长时期的观察、实验和研究，力求获得进一步的发展。在乾隆、嘉庆时代，社会崇尚辞章，大多数知识分子埋头故纸堆的情况下，郑复光坚持实践，坚持实验研究的科学探索精神，尤显得突出与可贵。

2.《镜镜诊痴》

《镜镜诊痴》是我国19世纪上半叶的一部光学专著，也是我国近代史上第一部较为完整的光学著作，代表了清代中期我国的光学发展水平。它的内容丰富、系统，是研究我国古代末期光学成就的重要文献。

全书共5卷，约7万余字，扼要地分析了各种反射镜和折射镜的镜质和镜形，系统地论述了光线通过各种镜子（主要是凹、凸透镜和透镜组）的成像原理，含有丰富的光学知识。书中创造了一些光学概念和名词，来解释光学仪器的制造原理和使用方法。其中有些概念名词是错误的。

《镜镜诊痴》一书是郑复光一生数十年辛勤劳动的结晶，其中众多的实验研究和理论分析，既饱含着郑复光的汗水和心血，也充分体现出他探索大自然奥秘的恒定意志和出众才华。据郑复光《自序》说，该书"时逾十稔而后成稿，复加点窜又已数年，稍觉条理……"，证明郑复光写作和修改此书共十余年才付印，是非常严肃认真的，当时一些有识之士看过此书后都非常佩服。

从内容的安排来看，《镜镜诊痴》的逻辑结构十分严谨，对光学的各相关问题，讨论得也很全面。《镜镜诊痴》内容的安排可能受到汤若望《远镜说》的影响。但是，《镜镜诊痴》丰富和发展了《远镜说》的光学内容、光学仪器与器具的制造知识，其中有许多文字的内涵解读乃至评价尚待深入探讨。

《镜镜诊痴》的体例也很有特色。梁启超曾对《镜镜诊痴》作出极高评价。他说："明末历算学输入……而最为杰出者，则莫如歙县

图5-45　《镜镜诊痴》书影　图5-46《费隐与知录》书影（道光木活字本）

郑浣香之《镜镜诒痴》一书。浣香之书，盖以所自创之光学知识而说明制望远、显微诸镜之法也。……是书稿在道光初年矣。时距鸦片战役前且二十年，欧洲学士未有至中国者。译书更无论，浣香所见西籍仅有明末清初译本之《远镜说》、《仪象志）、《人身说概》等三数种。然其书所言纯属科学精微之理，其体裁组织亦纯为科学的……"

郑复光著作的内容非常丰富，限于篇幅，我们不能详细叙述，这里仅将与物理实验有关的内容作简略介绍。因为他所用语言较为通俗，所以我们不再加注释和译文，只引用原文，并加以适当解说。

二、 冰透镜实验

冰透镜取火，在我国古代典籍中多有记述，郑复光初始有疑，后来他亲自做实验，加以证实，这种严谨的科学精神是值得敬佩的。下面是他关于冰透镜的两则论述。

《镜镜诒痴·取火》十一：

[原文]《博物志》有削冰取火之说，或谓阴极生阳。不必然也。冰之明澈不减水晶，今治之中度，与火镜何异？予曾亲试而验。法择厚冰明洁无疵者（冰结缸边者佳，若结缸面者多有纹，似萝卜花，气敛所致也），取大锡壶底，须径五寸以上，按其中心使微凹（凹宜浅，视之不觉，审之微凹即可用）。贮沸汤，旋冰，使两面皆凸，其顺收限约一尺七八寸方可用。仍须择佳日，使一人凭几奉冰靠稳，别一人持纸煤承光，乃可得火，但稍缓耳。盖取火因乎收光，不关镜质，唯冰有寒气，火自暖出，限短则暖，逼于寒杀其势。又冰在日中，久则熔化，必取材大而安置稳，日佳光足，令其速速得火，不致久晒熔残也。

[解说]这是郑复光做的著名实验——制造冰透镜，方法极为巧妙、简单。之所以要用盛热水的大金属壶，原是因为这些壶底一般均为外凹内凸，用它加工而成的冰块自然就是圆凸形状了（图5-47）。

除了这一诀窍之外，郑复光还指出，冰透镜直径要大，焦距要长，以免受日晒而熔化，从而影响其聚焦。他在这里所说的冰透镜。其"径五寸" "顺收限（即焦距）约一尺七八寸"；在其另一著作《费隐与知录》中，郑复光制作的冰透镜"径三寸"，"焦距二尺"。这两具冰透镜的相对孔径（直径与焦距之比，即 D/f）分别约为 0.3 和 0.15；其集光本领 $[(D/f)^2]$ 分别为 0.09 和 0.023。前者口径比后者大两寸，聚光本领却大了约 4 倍，点

图 5-47　郑复光制作冰透镜示意图

火试验就容易成功。由此可见，冰透镜制造得大些，其聚焦点火的速度就快些，冰本身也就在成功点火之前不致被日晒化。

《镜镜詅痴》的姊妹篇《费隐与知录》第 69 条也记录了这个实验。

[原文] 问："《博物志》云，削冰令圆。向日，以艾承景则有火，何理？" 曰："余初亦有是疑。后乃试而得之。盖冰之明澈，不减水晶，而取火之理在乎镜凸。嘉庆己卯，余寓东淘，时冰其厚，削而试之，甚难得圆。或凸而不光平，惧不能收光。因思得一法：取锡壶底微凹者贮热水旋而熨之，遂光明如镜，火煤试之而验，但须日光盛，冰明莹形大而凸稍浅（径约三寸外限须约二尺），又须靠稳不摇方得，且稍缓平。盖火生于日之热，虽不系镜质，然冰有寒气能减日热，故须凸浅径大，使寒气远而力足焉。"

[解说] 嘉庆己卯即 1819 年，东淘即今江苏东台。由此可见，在这一实验中，郑复光十分注意冰透镜口径与焦距的尺寸大小。

在《费隐与知录》中取的数据是：

　　　　口径 D_1=3 寸 =0.3 尺

　　　　焦距 f_1=2 尺

　　　　相对孔径 =D/F=0.15

　　　　集光本领 =$(D/F)^2$=0.023

在《镜镜詅痴》中取的数据是：

　　　　口径 D_2=0.5 尺

$$焦距\ f_2=1.7\ 尺$$
$$相对孔径\ =D/F=0.3$$
$$集光本领\ =(\ D/F)^2=0.09$$

《镜镜诒痴》中的冰透镜集光本领比《费隐与知录》中的提高了四倍，所以，实验更容易成功了。这说明郑复光对冰透镜的研究是经过多次实验的。

中国人早在汉代就创制了冰透镜并用以点火，这是中国古代独特的光学成就。汉代淮南王刘安撰《淮南万毕术》中就有记载，郑复光又以实验加以证实。在西方，直到 17 世纪，英国物理学家胡克 (1635—1703) 才制造出冰透镜，比汉代刘安 (前 179—前 122) 晚了 18 个世纪。

三、郑复光的色度图

郑复光在其《镜镜诒痴》卷一《原色》中画了一张独具一格的色度图 (图 5–48)。他将五色由上至下排列为白、鹅黄、大红、青、黑，以连线表示两种基色及其混合的结果。整个图表示了 15 种颜色，其中 10 种为混合色。

郑复光的色度图表示了 5 个基色、10 个混合色，也就是中国传统上的"五光十色"。

郑复光不仅绘制了色度图，而且将颜色知识作为他光学理论中最基础的内容。

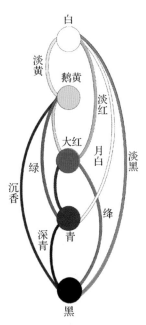

图 5–48　郑复光绘的色度图

第十节　《格术补》中的光学成像

　　清代科学家邹伯奇（1819—1869）著有《格术补》和《摄影之器记》，专门探讨摄影技艺及光学的理论问题。他充分地将数学与物理学相结合，以数学手段总结了几何光学中许多物理规律，成为中国近代光学的开创者，亦是近代科学的先驱者之一。

一、邹伯奇及其所著《格术补》

1. 邹伯奇生平

　　邹伯奇（1819—1869），字一谔、特夫，号徵君，广东南海县泌冲人，清代物理学家。他对天文学、数学、光学、地理学等都很有研究，是一个博通"经史子集"诸学，且"能荟萃中西之说而融会贯通"的中国近代百科全书型学者。

图 5-49　邹伯奇自拍像　　　　图 5-50　邹伯奇塑像

邹伯奇自幼聪敏过人，博学勤勉，幼年从其父邹善文读书，并开始接触算学，稍长涉猎经史，对于典籍中的名物制度尤能悉心穷究，受业于同里藏书家梁云门。梁氏珍藏算书尤多，很有助于培养他的数学兴趣与才能。邹伯奇清心寡欲，志向高远，视科学研究为自己的使命。他对功名利禄不感兴趣，只潜心于钻研科学。邹伯奇一生没有做过高官，却写了许多书稿，但在生前都没有发表。他死后由朋友陈澧等挑出一部分完整的稿件出版了《邹征君遗书》和《邹征君存稿》，还有不少没有出版。

邹伯奇从事科技研究的范围很广，在科学技术上有多方面的成就。在物理学方面，著有《磬求重心术》、《求重心说》、《格术补》等，分别论述力学和光学问题；在数学方面，著有《乘方捷术》三卷，第一卷讲乘方和开方，第二卷讲对数，第三卷为乘方、开方、对数之应用；在天文学方面，绘制过《赤道南恒星图》、《赤道北恒星图》，制作过"天球仪"、"太阳系表演仪"。在邹伯奇的时代，中国学术界对哥白尼的太阳中心说还有争议，邹伯奇制作的仪器，以太阳为中心，显示出进步的天文学思想。他还用天文学理论，考证了中国古籍中关于天文学现象论述的正误，写了《夏少正南门星考》等论文十几篇，有很高的学术价值。在仪器制作方面，他还研制了"浑圆水准仪"、"水银溢流式水准器"、"风雨针"（气压计兼测高仪）等。

他十七岁开始研究光学，对北宋科学家沈括"格术"（研究光线通过焦点成倒像的原理）之说作了详尽的探讨，并经过反复实验，写成《格术补》，其中用数学的方法叙述了平面镜、透镜、透镜组等成像的规律；对眼镜、望远镜、显微镜等光学仪器的工作原理进行了解释。他

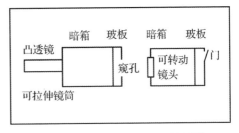

图 5-51　邹伯奇制摄影机的草图

对摄影（当时称为照相术）进行了全面研究，曾独立制造了中国第一台照相机，并将其称作摄影机（图 5-52），比西方仅仅晚了 4 年。他用这部摄影机为自己拍摄的照片（图 5-49），至今还保存在广州博物馆。虽然相隔

100多年，用他拍的底片，现在竟然还能洗出清晰的照片，让人不得不对邹伯奇当年制作的产品的质量感到惊奇。

图 5-52　邹伯奇自制的摄影机　　　图 5-53　邹伯奇自制的观象仪

他的《摄影之器记》论述了光学原理、暗箱制作、感光板制造以及拍摄、冲洗等方法，是我国第一部系统的、全面的摄影著作，也是世界最早的摄影文献之一。他被世人称为"中国照相机之父"，在邹伯奇的散稿当中，有关摄影机的制作及光学原理，拍照成像的论述极为详细。邹伯奇的光学和摄影文献对中国光学、摄影仪器的研制及生产起到极大的促进作用，具有深远的里程碑意义。邹伯奇的光学研究主要受传统的和"西学东渐"第一个时期传入中国的光学知识的影响。他善于吸收西方先进科学知识，并与中国传统科学相结合，取得众多成果，为我国近代科学技术的发展作出了贡献。近代著名学者梁启超给邹伯奇以高度的评价，在《中国近三百年学术史》一文中评论说："特夫（邹伯奇的号）自制摄影器，观其图说，以较近代日出口精之新器，诚朴可笑。然五十年前，无所承而独创，又岂可不谓豪杰之士耶？"

2.《格术补》简介

《格术补》是邹伯奇在物理学方面的代表著作，此书成书的确切年代不详，邹伯奇在 1869 年逝世，《格术补》自然是在 1869 年之前成文，出版则是在同治十三年（1874）。《格术补》一卷，41 条，约 5500 字，其中最后 2 条是几何光学题解，前有清代著名学者陈澧（1810—1882）"序"文一篇。其书名诚如陈澧在序中所说："格术补者，古之算家有所谓'格术'，后世亡之，而吾友邹特夫徵君补之也。'格术'之名见《梦溪笔谈》……徵君得《笔谈》之说，观日月之光影，推求数理，穷极微妙，而知西洋制镜之法，皆出于此。乃为书一卷，以补古算家之术。……此今世算家之奇书也。"梁启超在《中国近三百年学术史》中称颂邹伯奇"以算学释物理，自特夫始"。邹伯奇是以数学语言阐释物理（尤其是光学）问题的中国近代史上第一人。

《格术补》是中国近代一部比较完整的几何光学著作，在《墨经》和《梦溪笔谈》有关光学论述的基础上，进一步用几何光学的方法，透彻地分析了许多光学原理、光学仪器的结构和光学现象。

《格术补》不但深入透彻地分析了透镜成像原理、透镜成像公式、透镜组的焦距、眼睛和视觉的光学原理以及各种望远镜、显微镜的结构和原理等，还讨论了望远镜的视场、场镜的作用以及出射光瞳和渐晕等现象。它不但超出目前中学课程的水平，有的专门问题甚至超出大学普通物理课程的范围。他的研究填补了我国光学方面的一些空白。

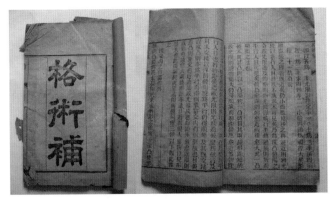

图 5-54 《格术补》书影　　　　　　　图 5-55 邹伯奇的《格术补》手稿

《格术补》全篇自成体系，结构严谨，说理透彻，准确生动；有的问题讨论得很深入，有的阐述方法直到今天还可作为教学的参考。在这个意义上，《格术补》不仅是我国光学史上一项划时代的成就，而且超越同时代一般学者的理解能力，甚至文中一些重要内容长期得不到后人的发掘。今天，为展示《格术补》丰富而深刻的内容，还得在一些地方作详细的解释。下面就对某些方面作点解释。

二、望远镜的光束限制、视场和出瞳距离

1. 伽利略望远镜

《格术补》第 20 条写道：

[原文] 目可切镜而视。内深凹可狭，足目瞳而止，广亦无用。外浅凸宜广，广则视物多。……凡作镜，但取物光线入目而止。其不能入目，镜虽广而无用。

[解说] 邹伯奇认为用伽利略望远镜，眼睛可以靠近目镜（"切镜"）；目镜（"内深凹"）的直径可以小些（"狭"），但是要能保证光束进入瞳孔，太大了也没有用处；物镜（"外浅凸"）直径要大（"广"），直径越大则视场也越大（"视物多"）。这种说法是正确的。由此可以看出邹伯奇关于光束限制、视场和出瞳距离有着清楚的概念。

2. 开普勒望远镜

《格术补》第 21 条写道：

[原文] 目切镜而视，则视物少……须离内深凸如收光限处作小望眼，亦足目瞳而止，……其视物之多，因内凸镜之广。其聚光之盛，因外凸之广。故外镜狭，不过光不盛，内镜狭，则令见物少。

[解说] 所谓"小望眼"即在镜筒端、离目镜 L_2 外约 f 的焦距远处开一个小孔 k，今称出射光瞳（图 5-56）。由于这种望远镜在两透镜之间有"公聚光点，于此作微丝界格，则可量取度分，是为两凸倒像测量远镜"。

图 5-56 说明：开普勒望远镜的视场跟目镜大小有关，目镜越大则视场越

大（"视物之多，因内凸镜之广"）。而像的明亮程度则跟物镜大小有关，物镜越大，则像越明亮（"聚光之盛，因外凸镜之广"）。这和伽利略望远镜相反，后者的视场跟物镜直径成正比，而跟目镜大小无关。另一方面，镜目距同样影响视场大小。文中指出，望眼应当在目镜的焦点（"收光限"）处，眼瞳靠得太近，将使视场变小（"目切镜而视，则视物小"）。这种分析也是正确的，在数值上则为近似。

开普勒望远镜的视场大小跟目镜大小间的关系，容易直观地进行解释。由图 5-56 可见，目镜越大，则射入物镜的成像光束就允许越斜（ω 越大），即视场越大。物镜越大，则成像光束越粗，像也就越明亮（在出射光束比瞳孔小的范围内）。就图 5-56 来设想，眼瞳若再移近目镜，则透过目镜边缘斜光束将不能进入瞳孔，则视场变小。只有使眼瞳位于出射光瞳处，才能使透过整个目镜的各光束均进入瞳孔。

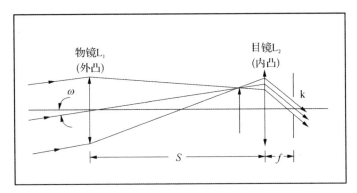

图 5-56　邹伯奇的开普勒式望远镜光路图

同时，邹伯奇还指出，这种望远镜的视场与望眼（出射光瞳）所在位置有关。望眼"须离内深凸如收光限处"，亦即位于目镜像方焦点以外又与之较靠近之处。

三、显微镜的原理及制作方法

《格术补》第 36 条写道：

[原文] 镜不能甚凸，则以一凸隔物、一凸切目，其两镜相距短于收光限，则视物更大，仍得顺像，而物距镜应愈近。盖物距镜近，以广行线至镜，过镜仍为广行；加一深凸，乃变为平行入目也，若物距镜过收光限，则光线过镜变为敛行，及其未交，接于深凹镜，则变为平行，仍得顺像；及其既交，接以深凸，则亦为平行，而得倒像，当交内有倒影故也。目镜愈凸，则距交愈近，适足收光限故也；物距外境愈近限，则成影愈远愈大，两镜相距亦远，目近而视大影，所以见形甚大也。此用两镜，与望远镜用两镜同理。三镜以下，仿此推之。

[注释] 收光限：凸透镜的焦距。隔物：在物体上面。切目：靠近眼睛。顺像：正像。物距镜：物距。广行线：逐渐扩大的斜线。深凸：半径小的凸透镜，或曰曲率大的凸透镜。敛行：会聚。距交：离交点。适足：本义为充足适度而不过分，此指"正好等于"。

[译文]（对于两凸透镜配制的显微镜）凸透镜不能太凸。一凸透镜在物体上面（即物镜），另一凸透镜接近眼睛（即目镜），如图5-57所示。两镜相距短于焦距，则视物更大，仍成正像。而物距应愈短，因为物距短，光线以斜线入镜，经过镜子仍为斜行；加一曲率大的凸透镜，于是变为平行线入目。如果物距超过焦距，则光线经过镜变为会聚，还未相交，到达半径小的凹透镜，光线变为平行，仍成正像。若光线相交后到达曲率大的凸透镜，也变为平行线，而成倒像（一次像），是在焦点内有倒像的缘故。目镜曲率愈大，则镜离焦点愈近，因为恰好等于焦距。物距愈接近物镜的焦距，则所成虚像愈远愈大，两透镜相距亦远。眼睛看到放大的虚像（二次像），所以见物体形状甚大。这里说的是用两透镜，道理与望远镜用两镜相同。用三透镜以此类推。

[解说] 这段文字中，邹伯奇在讲清显微镜原理的基础上，清楚地叙述以两凸或一凸一凹配制显微镜时各参数之间的关系。

简而言之，显微镜原理如下：如图5-57所示，被观察的物体AB放在物镜之前距其焦点略远一些的位置，由物体反射的光线穿过物镜，经折射后得到一个放大的倒立实像A′B′（一次像），目镜再将实像A′B′放大成倒

立虚像 *A″ B″* （二次像），这就是我们在显微镜下观察到的经过二次放大后的物像。

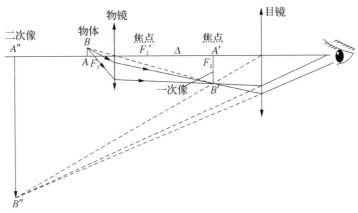

图 5-57　显微镜的光学原理图

在设计显微镜时，让物镜放大后形成的实像 *A′ B′* ，位于目镜的焦距之内，并使最终的倒立虚像 *A″ B″* ，在距眼睛 25cm 处成像，这时观察者看得最清晰，这称为明视距离。

为便于大家理解本条目的内容，兹将凸透镜成像规律列于表 5-2，供参考。

表 5-2　凸透镜成像规律表

物距 u	像距 v	像的性质	像的大小	应用举例
$u \to \infty$	$v \to f$	实像	一亮点	测定焦距
$u>2f$	$f<v<2f$	倒立实像	缩小	眼睛、照相机透镜、折射望远镜的物镜
$u=2f$	$v=2f$	倒立实像	等大	望远镜的倒像透镜
$2f>u>f$	$v>2f$	倒立实像	放大	显微镜的物镜、幻灯机、电影放映机
$u \to f$	$v \to \infty$	无像		灯塔和探照灯的透镜
$u<f$	$v<0$	正立虚像	放大	放大镜、望远镜和显微镜的目镜

第六章

近代时期
清末到民初

第一节　历史与科学技术概述

　　清代后期，西方列强的侵略使古老的中华民族经历着从封建社会突然迈向近代化的艰难历程。在这个时期，科学技术也发生了明显的变化。其特点是西方科技知识大量传入中国，介绍数理化和声光电的近代科技书籍也大为流行，从而改变了中国传统科学的结构，使中国走上向西方学习科学技术的道路。中国的传统科学技术，除中医药学外，逐渐为近现代科学技术所取代。

　　清后期大批传教士来到中国，其中也不乏热心文化交流的科学人才，英国人（后入美籍）傅兰雅（John Fryer，1839—1928，1861年来华）是来华传教士中向中国介绍西方科学技术最有力者。

　　西方光学传入中国是从汤若望著的《远镜说》开始的，书中介绍了望远镜的用法、制法和原理，对于光在水中的折射和光经过凸透镜使物像放大等现象都做了解释。

　　随着中西交流第二个时期的到来，近代光学知识也几乎同时传入中国。1853年，英国传教士艾约瑟（Joseph Edkins，1823—1905，1848年来华）和张福僖合译的《光论》出版，这是我国最早一本较系统的光学译著。英国著名物理学家丁铎尔（John Tyndall，1820—1893）的《光学》一书由美国传教士金楷理（1866年来华，生卒年不详）和赵元益合译，并于1876年刊行。这两本译著的出版，为近代光学移植于中国并取代中国传统光学知识打下了基础。此外，1859年艾约瑟与李善兰（1811—1882）合译的《重学》出版，系统介绍西方近代力学。该书是鸦片战争之后第一部传入的较系统介绍西方经典力学的著作。从此，李善兰成了继徐光启之后，介绍西方科学知识最关键的人物，后人称李善兰为中国近代科学的先驱。

　　19世纪70年代，徐寿、华蘅芳同传教士傅兰雅在上海共同创办"格致书院"，仿效英国皇家学会的形式，举办科学讲座，展出科学仪器，出版科学刊物《格致汇编》和许多"须知"读物,如《天文须知》、《地理须知》、《化学须知》、《电学须知》、《矿学须知》等,对传播科学知识起到很大作用。

　　培养科技人才是学习西方科学技术的一个重要途径。19世纪60年代兴起的洋务运动中,洋务派陆续派出留学生到欧美和日本。最初倡导派留学生的是容闳和奕䜣,最早愿接收中国留学生的是美国。詹天佑即为首批赴美国留学生中的佼佼者。

第二节 《光论》中的光学实验知识

一、关于《光论》

　　《光论》正文前有一篇译者的"自叙"，全文不满 400 字，除对全书作了概括性介绍以外，还提出了一些精辟的论述，我们由此可以看出张福僖在光学上的造诣。"自叙"说明翻译此书的主要目的是要弥补郑复光《镜镜詅痴》一书的不足；书中还提到一种测光速的方法："光之行分，以木星上小月食时之时刻，比例布算"。这就是 1675 年丹麦科学家罗麦（Olaus Roemer，1644—1710）利用木星的卫星发生掩食现象来测定光速的方法，只是未指出罗麦之名。

　　《光论》一书可大致分为前后两部分，内容有所重叠，但后一部分可补充前部分内容的不足或不详。显然，译者不是据一个底本译成的，译完

图 6-1 《光论》书影　　　　　图 6-2 艾约瑟像

后亦未进行全书归类整理。

《光论》的正文共约 6000 字，附图 17 幅，主要内容有：光的直线传播，光的反射，光的折射，海市蜃楼，光的照度，色散和光谱，对雨滴成虹的解释，眼睛的构造与视觉原理等。

该书不仅简明扼要，而且自"西学东渐"以来第一次清楚、定量地讲述了折射定律，17 幅图中包括海市蜃楼的大气折射图、三棱镜色散图和眼睛与视觉原理图的光路绘画等，基本上都是正确的。

《光论》是张福僖最重要的一部译著。《光论》出版 9 年后，张福僖便死于战乱中。他留下的这部译著，则成了这一时期中国人学习西方自然科学知识的一部重要启蒙教材。

二、张福僖生平

张福僖（?—1862），字南坪，一字仲子，浙江湖州归安（一说乌程）人[1]。他出身贫寒，自幼好学深思，博览群书，对物理、数学和天文学有特殊的爱好。他曾考取秀才，却不热衷仕途功名。某学使到任，举行考试，张福僖虽然"拔冠一军，名誉鹊起"，但由于他平日不喜作八股文，不能名列前茅。他却对此无动于衷，仍然一心钻研他所爱好的学问。

他幼年时曾跟著名数学家、天文学家陈杰学习。陈杰字静庵，曾任钦天监博士，著有《算学大成》、《补湖州府志·天文志》等书。在这位名师的指导下，他不但"尽得其术"，并在天文、数学等方面有不少创见，因而成为陈氏最得意的学生之一，人们说他"高材博学"，"泰西人言算学者皆叹服其说"。可是他并不自满，仍然利用各种机会向人虚心求教。例如，有一次，他在好友李善兰（1811—1882）家看到著名数学家戴煦（1805—1860）的一本数学著作，深感兴趣，即专程去访戴煦。戴煦也是学识渊博的人，不仅在数学上有成就，而且对蒸汽机、火轮船颇有研究，

---

1 王锦光、余善玲：《张福僖和〈光论〉》，《自然科学史研究》，1984 年第 2 期。

著有《船机图说》一书，而张福僖也精于天、算和"小（火）轮之理"。共同的兴趣使这两位素不相识的学者一见如故，戴煦留他在家中小住，共同研讨一些问题。

清咸丰年间（1851—1861），张福僖和李善兰等应上海墨海书馆之请，与西洋教士合作，翻译了西洋天文、数、理书籍数种，《光论》就是其中之一。

清咸丰九年（1859），张福僖同里好友徐有壬（1800—1860）任江苏巡抚，邀张前去充当幕僚。徐是有造诣的数学家，当时正刻印的《项学正泉数原始》等书，即由他们两人共同校对。不久，李善兰也携带自己的数学著作到徐处，于是三人经常聚在一起，互相辩难，砥砺学问。

张福僖生平著书很多，从师事陈杰时起，就与师兄丁兆庆合著《两边夹一角图说》一卷，后被收入陈杰所编《算法大成》上编卷五中，又著有《彗星考》、《日月交食考》等书。

可惜这些著作都没有付印，后来"遇乱皆散佚"。清咸丰三年（1853），他与英国教士艾约瑟合译《光论》，由艾口述，张笔译。1936年该书被收入《丛书集成初编》。张福僖为译《光论》一书，学习了不少光学知识，《光论》后半部分源自多种媒介之光学知识。

三、《光论》对折射定律和全反射原理的描述

关于折射定律，书中写道："光遇物面，出于此物，入于彼物，出角与入角正弦之比，理恒不变"并且做了说明："若其物质有变，比例即变"，同时附图说明（图6-3）。在举例说明时，书中给出了光从"风气"（空气）入水的比值，即"细测两正弦之比时为四与三之比"。将水换成玻璃则为"三与二之比"，此外，还提出：

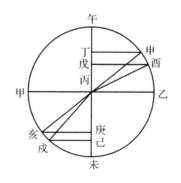

图6-3 《光论》中的折射示意图

如水的"热度"（温度）发生变化，则比例也发生变化。

所谓全反射是，存在一个"角限"（临界角），当"原角"等于"角限"或更大些时，"光线不出物面，不能入风气（空气），反行于回光之线，射于本物之内"。作者还指出，"诸限角之大小俱以各物质地为准，水以四十八度三十五分，玻璃以四十一度三十五分。若原角大于此数，光必行于回光线"（回光线即反射线，参见图6-4）。

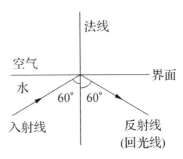

图6-4 全反射示意图

[解说]荷兰科学家斯涅尔(Willebord Snell, 1591—1626)于1621年发现光的折射定律，但写成余弦形式，1637年法国科学家笛卡儿(RenL Descartes, 1596—1650)也发现光的折射定律，写成正弦形式，也就是今日的形式。对光的某些折射现象，我国早有记载，但只限于定性的认识，没有总结出定量的关系。张福僖等译的《光论》是我国最早介绍折射定律的文献。

四、色散和消色差研究

《光论》中关于色散和消色差研究的内容是比较多而详的。首先介绍了"伯利孙"（即三棱镜）结构，利用三棱镜做分光实验，讲解阳光分解成虹时雨滴的作用，白光被分解后的合成实验。此外，这些实验的设计非常巧妙，对于初学光学

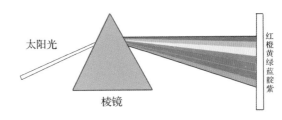

图6-5 阳光通过三棱镜的色散

的人是非常适宜的。在分光实验中，除了七色光之外，书中还介绍了红外线，即"七色光中有热气，亦各不同。从青莲色至红色，以渐而大，至红色外热尚不止。以寒暑表置在红色之外，亦可略见水银针上无光处亦有热气。由此知日光内有无光之线，其光差小于红光，能发热气，不能发光"。

这里的"光差"就是折射角。从所述的现象看，在红外区无光但有热，作者称之为"无光之线"，即红外线。

阳光通过三棱镜的"折光色为七，名曰光色差"。至于消色差，书中做了较为详尽的论述，并介绍三法。其中前两法可以消色差，第三法为一"玩具"，具体的做法是，在圆纸片上有规律地涂上7种颜色（还附有各色的比例），旋转起来圆纸片就变成了白色，即消除了色差。此即"牛顿色盘"（图6-6）。在第五章中我们介绍的"迎风转秋"就是这种玩具，叫作风车。

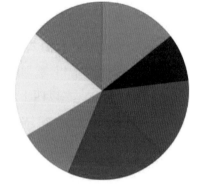

图6-6 牛顿色盘示意图

第三节 译著中的物理实验

随着 19 世纪 60 年代洋务运动的兴起，翻译西方科学著作的需求随之高涨。为了适应此时期兴办的各类学堂的教学需要，教科书的编译出版迫在眉睫。英国物理学家丁铎尔的《光学》在中国翻译出版，使得西方近代光学知识在中国得到全面、系统的介绍。该书讲述一些重要实验，并有一定程度的定量讨论，还大量介绍对自然现象的解释和光学知识的应用，在当时的译著中堪称上品。

一、《光学》简介

《光学》由美国传教士金楷理和赵元益（1840—1902 年）合译，1876年由江南制造局出版。该书原为丁铎尔（其时译为"田大里"）1869 年在英国皇家学会的科普讲演稿编辑而成，初版于 1870 年。全书分上下两卷，502 节，由浅入深，系统地介绍了几何光学和波动光学，使国内知识界更深入地认识了光和色的本性。

《光学》上卷讲述几何光学知识，包括光线及其直线传播、照度和照度定律、光速及其测算、反射和各种面镜成像、折射和各种透镜成像、眼睛的视觉原理和眼镜等内容。

《光学》下卷主要讨论波动光学，包括光的干涉原理、衍射现象、晶体的双折射现象、偏振光、色差和消色差透镜，等等。

该书从驳斥牛顿的光为粒子说入手，提出光的波动学说。该书不仅内容深广、系统性强以及附图精致、准确，而且在配合讲述实验时，常有量的讨论和例题。在当时的光学著作中，本书显得比较出色。

二、赵元益生平

赵元益（1840—1902），著名藏书家、翻译家，字静涵，号高斋，江苏新阳（今属昆山）人，光绪年间新阳县附贡生，20岁补博士弟子员，因其母亲被庸医误诊而卒，发愤研究医术，遂通晓中医。

图6-7 赵元益像[1]

赵元益受表哥华蘅芳影响，兼习算学，又精于格致之学，清同治八年（1869）应邀入江南制造局翻译馆任职；清光绪十三年（1887）为上海格致书院学生，参加课艺季考获优奖；清光绪十五年（1889年）曾作为医官，随从出使英、法、比、意四国在使馆工作，归国后重返江南制造局翻译馆任职，与洋人林乐知、傅兰雅等译述西学；光绪二十三年与董康等人创立上海"译书公会"，同年与吴仲弢创立"医学善会"。 他性好学，喜好藏书，以馆俸所入，多以购买图书。早年，太平军攻克苏州、常熟等地，他避居于上海，多见古书流散，他不惜倾囊收罗，重金购藏，购宋元秘本甚多，数年间藏书竟美富一时，成为近代上海著名藏书家之一。他选藏书善本，辑为《高斋丛刊》。王韬逝世后，他主持上海格致书院，宣统年间，和儿子赵诒琛于江南制造总局之西，建藏书楼七楹，名曰"峭帆楼"，刻《峭帆楼丛书》18种，《又满楼丛书》凡若干种。1913年战火起，该楼与图书、板片尽成灰烬。赵元益编著《峭帆楼善本书目》1卷、《赵氏图书馆藏书目录》5卷、补遗1卷行世。所译著作，侧重于西方医药、卫生保健方面，有《儒门医学》、《西药大成》和《法律医学》等，其中《西药大成》是当时最大的一部西药译著，《法律医学》是我国第一部翻译西方法医的著作。

---

1 取自叶恭绰辑，杨鹏秋摹绘：《清代学者像传》第二集。

图 6-8　赵元益译著书影　　　　图 6-9　江南制造局翻译馆

三、译著中的波动光学知识

《光学》在讨论光的干涉和衍射之前，首先指出："凡欲知浪行，必当分别其两事：一为浪之动，一为浪内质点之动。盖浪之动向前甚急，而浪内各质点不过荡动而已"。继而论述了两列光波相遇时的"或加或灭之理"。

《光学》一书从三棱镜色散开始，集中论述了关于颜色的理论。主要内容有光的颜色与其波长或频率的关系、色觉原理、光谱及其应用等。其对于红外线和紫外线的介绍十分重要，指出这些"不可见之光线"与可见光的本质区别在于其"每秒光浪入目之数"是否能为人眼所感受。并以较多的实验事实介绍了红外热效应和紫外化学效应。

然后，《光学》又从色散实验转而讨论日饵和虹霓现象，对于虹霓大家都熟悉，而日饵不常听说，日饵是太阳色球层上部产生的巨大火焰。大家知道太阳表面叫作光球层，光球层外面是色球层。

金楷理和赵元益在译完《光学》之后，又译《视学诸器图说》一书，叙述了多种光学器具。该书附于《光学》之后并与《光学》同时刊版，它有可能是丁铎尔"光学"讲演之一部分。全书八论，分别讲述了三棱镜、各种透镜、弧面反光镜、各种显微镜和望远镜以及消色差镜片，对它们的原理作了清晰叙述。

第四节　《重学》中的经典物理实验

我国学术界认为，经典力学经过两次西学东渐传入中国。第一次是明末清初，主要是古典力学；第二次是鸦片战争之后，近代力学逐步传入。咸丰九年（1859）出版了艾约瑟与李善兰（1811—1882）合译的《重学》，系统介绍西方近代力学。该书是鸦片战争之后传入中国的第一部较系统介绍西方经典力学的著作。《重学》的底本是休厄尔（William Whewell，1794—1866）的《初等力学教程》，是英国剑桥大学的力学教科书。

一、《重学》的译者简介

1. 艾约瑟及其在华期间的学术活动

艾约瑟，1823 年 12 月 19 日出生于英格兰，17 岁进入伦敦大学学习，20 岁毕业。1847 年，他在伦敦接受神职，同年 12 月，被伦敦教会任命为传教士，1848 年 3 月 19 日启程离开英国，同年 7 月 22 日抵达香港，9 月 2 日来到上海。

在华期间，艾约瑟开始在墨海书馆工作，主要是管理图书，1852 年起开始与墨海书馆的华人翻译科学书籍，1863 至 1880 年间定居北京，在北京传教。1872 年，艾约瑟在北京与丁韪良发起并创办《中西闻见录》，约于 1880 年年底被总税务司聘为海关译员，从事翻译文书工作。在此期间（1881—1885），艾约瑟翻译了《格致启蒙十六种》。1905 年 4 月 23 日，艾约瑟在上海逝世，享年 81 岁。

艾约瑟在华期间翻译了一些科学著作：例如，艾约瑟和张福僖合作翻译了《光论》（1853），与李善兰合译《重学》（1859）、《圆锥曲线说》（约 1859）、《植物学》第八卷（1859），与王韬合译《格致西学提要》或称《格致新学提纲》（1853—1858）。

2. 李善兰生平及其学术成就

李善兰（1811—1882），名心兰，庠名善兰，字竟芳，号秋纫，浙江海宁人，中国近代著名的数学、天文学、力学和教育家。李善兰自幼聪颖好学，过目即能成诵，尤爱数学，9岁自学通《九章算术》，14岁通欧几里得《几何原本》前6卷。

图6-10 李善兰像

1840年，鸦片战争爆发，帝国主义列强入侵中国的现实，激发了李善兰科学救国的思想，从此他在家乡刻苦从事数学研究工作。1845年前后，李善兰在嘉兴陆费家设馆授徒，得以与江浙一带的学者（主要是数学家）相识，他们经常在一起讨论数学问题。

李善兰在数学方面的成就卓著，继梅文鼎之后，李善兰成为清代数学家的又一杰出代表，自20世纪30年代以来，受到国际数学界的普遍关注和赞赏。

1852年夏，李善兰到上海墨海书馆，将自己的数学著作给来华的外国传教士展阅，受到伟烈亚力（A. Wylie，1815—1887）等人的赞赏，从此开始了与外国人合作翻译西方科学著作的生涯。

李善兰与伟烈亚力翻译的第一部书，是欧几里得《几何原本》后九卷。在译《几何原本》的同时，他又与艾约瑟合译了《重学》20卷，其后，还与伟烈亚力合译了《谈天》18卷、《代数学》13卷、《代微积拾级》18卷，与韦廉臣（A. Williamson，1829—1890）合译了《植物学》8卷。以上几种书均于1857至1859年间由上海墨海书馆刊行。李善兰一生翻译西方科技书籍甚多，将近代科学最主要的几门知识从天文学到植物细胞学的最新成果介绍传入中国。同治七年，李善兰到北京担任同文馆天文、算学部长，执教达13年之久，为造就中国近代第一代科学人才作出了贡献，是中国近代数学教育的鼻祖。总之，李善兰为近代科学在中国的传播和发展作出了开创性的贡献。

二、《重学》中的物理实验

《重学》中的经典实验往往是和某位科学家联系在一起的，很多实验只是说明其结论及应用，对其实验过程没有详细叙述。

书中指出"亚奇默德"（亚里士多德）创立重学，"伽利略"发现自由落体运动，还分别提到华里斯、惠更斯、牛顿，以及多利遮里（托里拆利）实验、弥底（阿基米德）定律、巴斯加（帕斯卡）实验、波义耳（波—马）定律、瓦德（瓦特）的贡献等。

卷八提到自由落体运动："试将二物，一轻者为羽毛，重者为银，在风气中下坠，则一迟一速。在无风气中下坠（用法取尽器中风气），则其速同，无少参差也。"这是用牛顿管验证伽利略自由落体运动理论的实验，其中风气指的是空气。文中指出重物和羽毛在空气中的下落"一迟一速"，在真空中的下落则是"其速同，无少参差也"。用实验说明了轻重不同的物体不能同时落地，是由空气阻力造成的。

卷十九介绍托里拆利实验："明崇祯十三年，伽利略始测定气之重，其门人据此以发明恒升车水升之理。测气之器，即风雨表也。其法用玻璃管，长英尺三十二寸，两端一通一塞，满贮水银，倒植水银器中。管中水银必下降。最卑至二十八寸，最高至三十一寸而定。"其中"门人"即托里拆利，他曾是伽利略的学生，并继承伽利略任佛罗伦萨大公的数学和哲学顾问。

卷十九还提到一些演示实验，如演示大气压实验，"倒器中能令水倒悬不出者，因器口有气抵力抵定故也。试以有底之管，贮水于中，以底向上倒悬之，水必不出，若以法令水面不动，各点俱定，则无论器大小，俱可倒悬，水必不出，试用玻璃碗满贮水，贴纸于碗口，徐倒之，纸下有气抵力，必能令上面之水不出，盖用纸贴之，能令水面诸小点不移动故也，若以此器平覆几上，去其纸，水犹不出，微举离几，水即尽出于几上。据此可明吸酒管之理"。这个玻璃碗大气压实验，现象明显，简单易操作，不需要复杂的实验步骤而且实验仪器更容易得到，原著和译著中均未提到谁最先做这一实验，但是它直观明确地说明大气压不但存在而且很大。

卷十九连通器原理，"试用相同多器列于平面，大小形状不必同，以水入一器必通于诸器，且其面必彼此相平"，并解释其原因为"一个平面上诸点距地心等，则地心力加之亦等，所以诸点不在一个平面不能定"。

卷十九提出波义耳－马略特定律："凡气之冷热不变，则涨力大小与所处空体之大小恒有反比例。此理英国鲍以勒始发之。"鲍以勒指波义耳，这里指的是波－马定律：一定质量的气体，温度不变，压强与体积成反比。因为英文版原著中只有英国人波义耳发现该定律的内容，所以文中没有提到法国人马略特。

《重学》中的物理实验多以实验应用的形式出现。如讲解重心时，在卷五《重心》第一款有"凡合质体无论以何方向定于一线重心比在此线上……方能令合体定而合体任何方向定于一线，不可云此线不过重心也，合体不能有二重心，所以任何方向合体定于二线之交点"，"设令无数质点为一体，定于直线则两边各质点重距积之和必等。重距积者直交重心面之线乘本重所得之积也"。重心的知识明末清初已传入中国，而且是当时研究的一个热点问题，一些中算家对此进行了深入的研究，《奇器图说》也有所涉及，只是没有完整介绍其原理，也没有从实验的高度去讲述这些内容。《重学》所论的知识更加系统、全面，更具近代科学特征，所以诸可宝评价《重学》时指出，"盖自此书出，而明际旧译之《泰西水法》、《奇器图说》等编，举无足道矣。艾氏之功，诚伟已哉"。从原著与译著的比较可以看出，李善兰在翻译《重学》时，有一些地方做了删减，但对于这部分经典实验的翻译还是与原著保持一致的。

在卷首这部分，最为生动有趣的实验要数关于定滑轮的一个应用了。如图 6-11 所示，一个清朝人满心欢喜地用定滑轮将自己拉升起来，自己

将自己拉升，是以前很多人想都不敢想的，而且
实验还指出其实用性，在维修很高的房子时更加
方便高效。"定滑车有一妙用（如图6-11），
有索过滑车，其一端作一套圈，人坐其中，而拉
其又一端，能令己身上升。若再加一动滑车，则
拉力更少一半。西国石工、泥工修高屋恒用之。
滑车之功用，因索之各处力俱等，故能减小人力
又能改拉力之方向。"

图6-11　定滑轮的应用

三、试题中的实验应用

《重学》中的物理实验和力学理论对其后数十年的物理教学和考试都
产生了很大的影响。

同治十三年（1874）月考格物试卷中有一道题是：今有甲乙丙丁四人
各持一绳拉重物，甲乙两人各用力百斤，丁丙二人各用力百五十斤，甲乙
之间其角二十度，乙丙之间其角二十二度，丙丁之间其角二十四度，使推
起共力（今为合力）若何？费力（指四人用力总和比合力多出者）若何？
重物所行方向若何？《重学》卷二"论并力分力"的内容第一款，"凡分
力线上辅成平行四边形，则并力线即对角线，两边为两分力方向大小率，
对角线为并力方向率，指出了用线段的长短表示力的大小"。第三款，"凡
线平行于力之方向，线之长短与力之大小有比例，在线可为力之率"。除
外，考题中还涉及求合力的平行四边形法则，以及相关的应用。这类格物
考题多为用物理知识解释现实生活以及一些常见的应用计算题，这同样刺
激学生用实验思维的方法解决问题。

四、其他学者对《重学》中定理的实验验证

华蘅芳、徐寿二人完成了中国有文字记载的第一次近代科学实验。他

们沿着一条直线钉下一排竹竿，在竿上相同高度的地方绑上鸟，然后用枪瞄准这些鸟所组成的直线射击。如果弹道是弯曲的抛物线，那么这些鸟中弹的弹孔就会逐渐低下，后面的鸟或许就不会中弹，如果弹道是直线，那么这些鸟都会中弹，而且弹孔都一样高。华蘅芳根据抛物线原理，写下了他的第一部数学著作《抛物线说》，这是我国最早的一部几何学著作。徐寿则为这部书画了插图。华蘅芳、徐寿、徐建寅在江南制造局翻译馆工作情形如图6-12所示。

图6-12　江南制造局翻译馆部分译员合影（右起徐寿、华蘅芳、徐建寅）

华蘅芳在《抛物线说》中写道："忆余二十余岁时，阅《代微积拾级》，粗知抛物线之梗概，而《重学》中《圆锥曲线》尚未译出也。李君秋纫以所著《火器真诀》见示，余觉未能满意。因以积思所得者，笔之于书。徐君雪村为余作图，遂成此帙。"由以上文字可以看出《抛物线说》与《重学》和《火器真诀》的关系。后来研究《重学》的书籍非常多，这些书籍大都强调《重学》的实际应用。

第五节　西方物理仪器及器具的传入

　　明末至清代，随着外国传教士不断来华，西方一些先进的仪器设备陆续传入我国，一些科学家和能工巧匠开始进行研究和仿制。在西方机械仪器的启发和激励下，我国的制造发明也一时蔚为风尚，不断取得成绩，构成了当时科学活动一个突出的特征，其中光学仪器的研制成绩尤为卓著。俗话说，工欲善其事，必先利其器，这些仪器设备促进了我国科学技术的发展。下面介绍译著或典籍中的几项与物理有关的科学仪器、器具。

一、传入的测时仪器

　　测时仪器包括六合验时仪、钟表、单摆等。计时器和钟表传入中国后，受到文人儒士的欢迎。随后，中国人开始修理钟表，国内钟表制造业逐渐兴起。

1. 六合验时仪

　　六合验时仪或简称验时仪、验时仪坠子，在《皇朝礼器图式》卷三《仪器》中有其结构与绘画。原文如下：

　　[原文] 谨按，本朝制六合验时仪，铸铜为两球，下球径六分有奇，重二十四铢：上球减十之二，贯以钢铤，长四寸六分有奇，近上三之一为两轴，横梁承之，前后亦为横梁。前梁下键以铜叶，一往一还为一秒，七秒为五里。候凡发声时，拨之使动，验秒致以知声之远近。

　　[注释] 谨按：引用论据、史实开端的常用语。铢：古代重量单位，二十四铢等于旧制一两。有奇：有余，多一点儿。铤：本义是未经冶铸的铜铁。钢铤：钢杆，钢针。承之：托着、接着。键：机械传动中的键，主要用作轴和轴上零件之间的固定。候：等待。

[译文]清宫自制的六合验时仪，两球铜制，下面的球直径六分多一点儿，重一两，上面的球比下面的球轻十分之二，以钢杆穿过，杆长约四寸六分，靠近上端三分之一处为两轴，有横梁支撑着，前后也有横梁。前梁下有铜叶，拨动铜叶可使其往返1次恰为1秒，七秒相当五里。等待发声时，拨动铜叶使之振动，由秒数可算出声音之远近。

图6-13　验时仪实物图

[解说]验时仪实物如图6-13所示。六合验时仪，即秒摆，清代钟表行业中称其为"竖表"，用来测定声源距离（取声速为每秒5/7里）。在北京故宫博物院还藏有实物，据白尚恕、李迪观测[1]，故宫博物院收藏的两台"六合验时仪"，于乾隆九年（1744）造，是我国现存最早的两个秒摆。它们都是装在方形竹筒中，底下有正方台形木座（图6-14），筒高150 mm，每侧面宽38.4 mm，座高20 mm（图6-15），方筒左右两个侧面固定，前后两个侧面可以放开，外面用一个方形铜片束拢。在两侧之间约130 mm处的高度上，安一直径为3.8 mm的铜横轴，轴的两端可转动。横轴的正中间垂直穿一细钢条，钢条的两端各安装一个白铜球，两球相距149.1 mm，轴以上的部分长45.9 mm，轴以下的部分长99.4 mm。上、下球的直径分别是18.9 mm和20.4 mm（图6-16）。这就构成了一个复摆，能够前后摆动。在横轴的前一面有5 mm宽

图6-14　六合验时仪结构

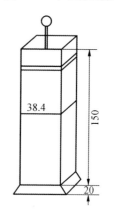

图6-15　六合验时仪结构外形

1　见白尚恕、李迪：《六合验时仪》，载于《科技史文集（十二）物理学史专辑》，上海：上海科学技术出版社，1984。

的钢片横档，横档中间有一个宽的垂直向下的小铜片（图6-17）。摆的最大幅度就是钢条摆到与小铜片的下边缘相碰为止，经试验知道摆的周期为1秒。

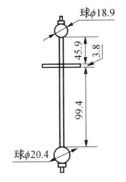

图6-16　两球及轴的尺寸

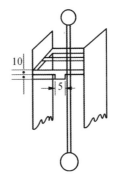

图6-17　验时仪的两球

这两台六合验时仪的形状及其规格等一如《清朝文献通考》所说。在《皇朝礼器图式》中收有此验时仪的图形，并有一段与《清朝文献通考》类似的说明。

图6-18　《清朝文献通考》书影

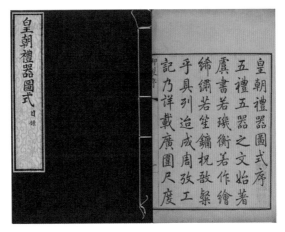

图6-19　《皇朝礼器图式》书影

2. 时辰表

时辰表，又称怀表或挂表。《清朝文献通考·象纬三》有记载：

［原文］谨按，本朝制时辰表，铸金为之，形圆，盘径一寸五分二厘，

均分时刻，以针指之。内施轮齿，皆如自鸣钟之法，具体而微。盛以金合，当盘面处空之，合径一寸五分二厘，通厚八分，周饰杂宝，金索三行三就，开镂花文。

[注释]镂：雕刻。开镂：镂空。花文：花纹。行：排列。三就：三套，三重。

[译文]清朝自制的时辰表，铸金做成，圆形。表盘直径一寸五分二厘，均分时刻，以表针指示。内装齿轮，用金盒装，采用自鸣钟方法，只不过更微小，周边用各种宝石装饰，并排装有三根金链子，中间雕刻花纹。

[解说]时辰表外形如图6-20所示。《清朝文献通考》和《皇朝礼器图式》中关于怀表的记述表明，在清初，我国已经有了制造钟表的能力。钟表在明清时期经历了一

图6-20　时辰表外形

个逐渐普及的过程。18世纪时，权贵家庭中已多用钟表，而到了19世纪后半叶，钟表在社会中层已达到了一定的普及率。虽然钟表的第一个基本功能是计时，然而当时大多数钟表主要是一种地位的显示，一种环境的装饰，甚至很多人就把它当成一种"玩具"，所以往往把钟表及配件做得尽量豪华，由上述原文及插图中可以看出。

钟表在明清时期的制造发明，之所以蔚然成风，与西方机械仪器的启发和激励不无关系，欧式机械钟表的传入给明清时期的时间计量带来了全方位的变化。

二、传入的光学仪器

1. 望远镜

在清代康熙年间，耶稣会士曾向清廷进献过望远镜。清乾隆《皇朝礼器图式》称之为"千里摄光镜"。对此种望远镜，该书做如下介绍和图示。

[原文]　谨按，本朝制摄光千里镜，筒长一尺三分，接铜管二寸六分。镜凡四层。管端小孔内施显微镜，相接处施玻璃镜，皆凸向外。筒中施大铜镜，凹向外，以摄景，镜心有小圆孔。近筒端施小铜镜，凹向内，周隙通光，注之大镜而纳其景。筒外为钢铤螺旋贯入，进退之以为视远之用。承以直柱三足，高一尺一寸五分。

[注释]　管端：管口。施：安置。显微镜：此处为放大镜，因单面透镜有放大作用，故称为"显微镜"。钢铤螺旋：钢螺栓。

[译文]　本朝制摄光千里镜，筒长一尺三分，接铜管二寸六分。镜片共有4层。管口的小孔里安置放大镜，（与镜筒）相接处安置玻璃镜，一律凸面向外。筒中安置大铜镜，凹面向外，用来摄取影像，镜面中心留有小圆孔。靠近筒口处安置小铜镜，凹面向内，周边空隙可以让光通过，射到大镜上面（由它）承接影像。筒外用钢螺栓穿入，前后调节以配合望远镜的使用。（仪器）由三足直柱作为支撑，（此脚架）高1尺1寸5分。

[解说]　摄光千里镜外形如图6-21所示。摄光千里镜是利用凹面反射镜作为物镜的天文望远镜，铜管镀金。镜分外筒、内筒和支架三部分。外筒是由两枚铜质抛物面反射镜组成的格雷高利式望远镜（图6-22）。内筒是由两枚平凸透镜组成的惠更斯目镜（图6-23），内筒置于外筒之中。因为千里镜有两面反射镜和两面平凸透镜，所以说"镜凡四重"。

图6-21　摄光千里镜外形

其结构原理是：外筒上下两端各有一面镜子，都是铜制且呈凹形，如图6-22所示。上端的镜子 M_2 较小，位于筒的中央且周围留空，凹面向内；下端的镜子 M_1 较大且中间穿一个孔，凹面向外。图中 L 表示目镜（内筒）。

内筒上下两端各装有平凸透镜 L_1 和 L_2，如图6-23所示，凸面均朝向物镜，F 为来自物方焦点，F_1 为 L_2 的焦点。

人眼从下端观测，日、月、星的光通过外筒上口的周边缝隙射入外筒，射到大凹镜 M_1 上，反射进小凹镜 M_2；M_2 将光反射入目镜，人眼通过目镜获得外面物体的图像。

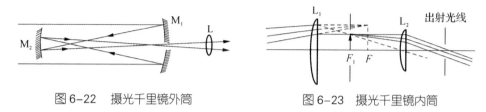

图 6-22　摄光千里镜外筒　　　　　　图 6-23　摄光千里镜内筒

2. 显微镜

显微镜又称察微镜。在清代李渔所著章回小说《十二楼》的"夏宜楼"之第二回中有这样一段描写：

[原文] 显微镜：大似金钱，下有二足。以极微极细之物置于二足之中，从上视之，即变为极宏极巨。虮虱之属，几类犬羊；蚊虻之形，有同鹳鹤。并虮虱身上之毛，蚊虻翼边之彩，都觉得根根可数，历历可观。所以叫做"显微"，以其能显至微之物而使之光明较著也。

[注释] 金钱：此处指金币、银圆。足：器物下部形状像腿的支撑部分。虮虱：虱及其卵。蚊虻：蚊子。鹳鹤：鸟名，形似鹤，嘴长而直，顶不红。

[译文] 显微镜：大小像金币、银圆，下面有二足支撑。把极细微的东西放在二足中间，从上面观看，即变得极其巨大。虱及其卵，大若犬羊；蚊子的形状，犹如鹳鹤。而且虱身上的毛，都觉得根根可数，蚊子翅膀上的色彩，历历可见。之所以叫作"显微"，是因为能显示甚微之物，使之清晰显著。

[解说] 虽然清初已有显微镜传入中国，但是上述李渔在《十二楼》中描述的似乎只是一种放大镜（凸镜），与复式显微镜尚有一段差距。清代黄履庄可能是制作了放大镜。目前还无法确定显微镜传入中国的确切时间，但是清初已有显微镜传入中国。根据历史记载，1687 年，传教士来华，给康熙皇帝带来的西方奇器中，就有显微镜。由于第一批传教士带来的奇器不多，后来的几批传教士又带来了不少显微镜，这些显微镜大概是复式显微镜，呈现给康熙、雍正、乾隆皇帝，并且逐渐为士绅达官所识。乾隆皇帝还曾经写

过一首《咏显微镜》的诗：

"玻璃制为镜，视远已堪奇。何来爱逮器，其名曰显微。能照小为大，物莫遁毫厘。远已莫可隐，细有鲜或遗。我思水清喻，置而弗用之。"

可见，显微镜起初只不过被拿来赏玩的，"置而弗用"罢了。这首诗是当时多数人科技观的写照。

明清时期咏显微镜的诗还真不少，清代的赵翼《瓯北诗钞》中有一首《静观之十七》的五言古诗，比较浅显、易懂，诗曰：

"所以显微镜，西洋制最巧。能拓小为大，遂不遗忽秒。"

图6-24　清朝一位教师在教学生使用显微镜

诗中"不遗"是一点也不漏掉，不遗漏。忽秒，极言细微的意思。

显微镜显示肉眼无法直接看到的微细世界，似乎在清代也曾经引起过中国知识阶层的文化震撼与思想变化。

图6-24所示为清朝一位教师在教学生使用显微镜，桌上放的是复式显微镜。至今在故宫博物院还藏有清末的显微镜。

最后，附带介绍一下章回小说《十二楼》的作者李渔：

李渔（1611—1680），初名仙侣，后改名渔，字谪凡，号笠翁，浙江金华兰溪夏李村人。明末清初文学家、戏剧家、戏剧理论家，被后世誉为"中国戏剧理论始祖"、"世界喜剧大师"、"东方莎士比亚"，被列为世界文化名

图6-25　李渔画像

人。李渔一生著述颇丰，著有《笠翁十种曲》（含《风筝误》）、《无声戏》（又名《连城璧》）、《十二楼》、《闲情偶寄》、《笠翁一家言》等，还批阅《三国志》，倡编《芥子园画谱》等，是中国文化史上不可多得的一位艺术天才。

三、传入的热学仪器

清代，比利时传教士南怀仁在所著《验气图说》及《新制灵台仪象志》中提到了某些热学方面的内容，如欧洲 17 世纪早期有关温度计以及湿度计的原理、结构和应用等知识。我们首先介绍一下南怀仁及其所著《新制灵台仪象志》。

1. 南怀仁生平

南怀仁（Ferdinand Verbiest，1623—1688），字敦伯，原名费尔迪南·维尔比斯特，比利时人，18 岁入耶稣会就学于鲁文天主教大学，攻读神学、天文学、数学等课程，在青少年时期受到了良好的科学基础训练。1658 年来华，次年，被派往陕西传教。顺治十七年（1660）奉诏进京协助汤若望纂修历法。康熙八年（1669），为钦天监监副，主持编制《时宪书》。奏请制造六件大型观象台天文仪器，即黄道经纬仪、天体仪、赤道经纬仪、地平经仪、象限仪（地平纬仪）、纪限仪（距度仪），至康熙

图 6-26　南怀仁像

图 6-27　南怀仁与其介绍的仪器

十三年（1674）完成（现存观象台）。康熙十七年（1678）撰《康熙永年历法》32卷，康熙十九年，奉旨铸造火炮320门，于次年完成。1683年跟从康熙前往盛京，1687年坠马受伤，次年卒于北京，赐谥勤敏。著有《教要序论》、《善恶报略说》、《新制灵台仪象志》、《坤舆图说》、《神威图说》、《西方要记》等。

南怀仁从1655年来华至逝世，在华近三十年，是清初最有影响的来华传教士之一。他"勤勉竭力，不辞劳瘁"，为信仰奉献了一生，为西方的科学技术知识在中国的传播作出了巨大的贡献，他在西学东渐的过程中确实起到了重要的作用。

2.《新制灵台仪象志》简介

南怀仁等撰写的《新制灵台仪象志》（16卷），以文字和117幅图详细记述了南怀仁主持制造六架天文仪器的情况，包括仪器的设计理论、制造工艺、安装及使用方法、观测方法，天文表和有关知识，以及天文和物理测量仪器。

书中较多地涉及了西方近代早期的物理学知识，内容包括材料强度、物体体积、质量、重心与稳定、简单机械、单摆周期等力学和地学知识，折射和色散等光学知识，温度计、湿度计等气象学和热学知识，等等。通篇结构严谨，浅显易懂。

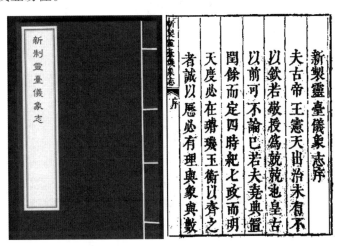

图6-28 《新制灵台仪象志》书影

3. 温度计

南怀仁在《新制灵台仪象志》中描述了"测气寒热"的仪器，即温度计的制作方法，原文如下：

[原文] 所谓作法者，用琉璃器，如甲乙丙丁；置木板架，如一百八图。上球甲，与下管乙丙丁相通；大小长短，有一定之则。木架随管长短，分三层，以象天地间元气之三域。下管之小半，以地水平为准其上大半，两边各分十度。其所划之度分，俱不均分，必须与天气寒热加减之势相应。故其度分离地平线上下远近若干，则其大小应加减亦若干。……盖冷热之验有所必然者，故候气之具，自与之相应，而以冷热之度，大小不平分相对之。

[注释] 琉璃：玻璃。象：象征，模拟。元气之三域：南怀仁在《验气图说》和《新制灵台仪象志》中的叙述，是以"四元（土、水、气、火）说"理论为基础的。他把天地之间分成上中下三域，认为其间都充满了"气"，而气有"寒暖之分"。度分：刻度，分度。势：趋向。盖：承接上文，说明原因或理由。验：检验，察看。候：观测。

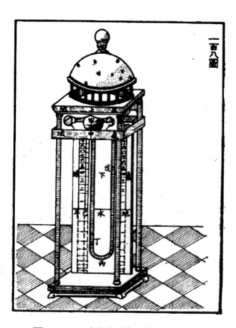

图 6-29　南怀仁书中的温度计图

[译文] 温度计制法：用玻璃管，如甲乙丙丁；置木板架，如一百八图（即图6-29）。上球甲，与下管乙丙丁相通；大小长短，有一定尺寸。木架随管长短，分三层，象征天地间元气之三域。下管之小半，以地水平为准其上大半，两边各分十度。其所划的刻度，俱不均分，必须与天气寒热加减的趋向相应。故其刻度离地平线上下远近若干，则其大小也应加减若干。……因为冷热的检验有所必然，故观测的器具，自然与之相应，对应天气的冷热作了一些不等分的分度。

[解说] 根据上面的叙述及图示可以知道，南怀仁制作的温度计管子呈U形，管内注有水或烧酒；他以一水平线为基准，将管子划分成两部分：上半部较长、下半部较短。对应天气的冷热作了一些不等分的分度，以此作为测量温度的标尺。这种温度计类似于伽利略等人发明和使用的温度计。因此可以断定，南怀仁所介绍的实际上仍是欧洲早期的空气温度计，是没有固定点且温标不等的温度计。

4. 湿度计

南怀仁在《新制灵台仪象志》一书中还介绍了湿度计的制作及测量方法，原文如下：

[原文] 欲察天气燥湿之变，而万物中惟鸟兽之筋皮显而易见，故借其筋弦以为测器，见一百九图。法曰：用新造鹿筋弦，长约二尺，厚一分，以相称之斤两坠之，以通气之明架，空中横收之。上截架内夹紧之，下截以长表穿之，表之下安地平盘。令表中心即筋弦垂线正对地平中心。本表以龙鱼之形为饰。验法曰：天气燥，则龙表左转；气湿，则龙表右转。气之燥湿加减若干，则表左右转亦加减若干，其加减之度数，则于地平盘上之左右边明划之。而其器备矣，其地平盘上面界分左右，各划十度而阔狭不等，为燥湿之数。左为燥气之界，右为湿气之界。其度各有阔狭者，盖天气收敛其筋弦有松紧之分，故其度有大小以应之。……凡欲分别东西南北各方之风气，或上下左右各房屋之气，燥湿何如，以此器验之，无不可也。

[注释] 惟：只有，只是。筋：此处似指肠衣。筋弦：肠线。显而易见：事情或道理明显而容易明白。燥：干燥。阔：宽。界：范围。界分：分界处。

[译文] 欲观测天气干湿的变化，万物中只有鸟兽的筋皮最明显，所以利用其肠线作为传感器，见一百九图（即图6-30）。方法是：用新制的鹿肠线，长约二尺，厚一分，下悬挂适当的重物，装入通气的支架内。上端在架内夹紧，下端穿入长表，表的下面安装地平盘。让表中心即肠线的垂线正对地平中心。本表有龙鱼形状的装饰。用法是：天气干燥，则龙表左转；天气潮湿，则龙表右转。空气的湿度改变多少，则表左右转亦加减若干，其加减之度数，则于地平盘上之左右边刻划出。该仪器已备，其地平盘上面分界线左右，各刻划十度而且宽狭不等，为干湿度数。左为干燥的范围，右为潮湿的范围。其分度各有宽狭者，因为天气变化致使肠线有松紧之分，故其分度有大小以相应。……凡欲检测东西南北各方的空气湿度如何，或上下左右各房屋的空气湿度何如，均可用此仪器。

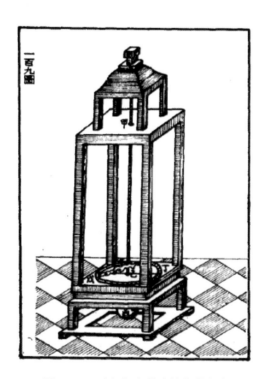

图6-30　南怀仁在书中绘的湿度计

[解说] 湿度计是一种测量周围气体湿度的仪器。湿度表示的是气体中的水蒸气含量，分为绝对湿度和相对湿度。绝对湿度是指气体中的水蒸气净含量，单位为克每立方米。相对湿度是指气体中水蒸气含量与相同状态下气体中水蒸气达到饱和状态时的水蒸气含量的比值，用 RH 表示。

南怀仁介绍的上述湿度计属于弦线式吸湿性湿度计。弦线式湿度计的一个类型，是由一根弦线或肠线上端固定、下端悬挂适当的重物构成，利用弦线或肠线在干燥或潮湿情况下扭转程度的不同来测定湿度。这类湿度计的结构简单、使用方便。

事实上，中国是世界上最早使用测湿仪的国家。测湿仪在古代典籍中多有记载。在本书第三章中介绍过天平式测湿仪，西晋张华在《感应类从志》中已对这种测湿方法做了论述。

5. 气压计

清代王大海在《海岛逸志》中把"水银气压计"称作"察天筒"。在介绍这种仪器之前，我们简单介绍王大海与《海岛逸志》。

王大海：字碧卿，号柳谷，生卒年不详，福建漳州龙溪（今龙海）县人。清代乾隆四十八年（1783）应试落第，附商舶泛海远游至爪哇，游踪遍及爪哇北岸及马来半岛诸港口。后在爪哇开馆授徒，教书之余，采风问俗，对爪哇及其周围岛屿、国家的山川、交通、物产、民族、风土人情，以及荷兰的殖民统治和华人的情状，进行考察，广泛搜集资料，归国后写成《海岛逸志》一书，还撰有《洪余诗抄》若干卷。

《海岛逸志》：是一部关于爪哇岛（属印度尼西亚）和马来半岛的游记。内容包括地方志、人物志、方物志、花果类等。《海岛逸志》六卷，附录一卷，后有多种版本（包括英译本）传世，是全面真实记述 200 多年前荷兰殖民统治下爪哇及其周围岛屿的著作，是研究东南亚史、华侨史和中外关系史的珍贵文献。

关于察天筒，王大海在《海岛逸志》中写道：

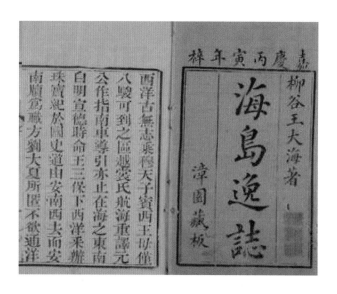

图 6-31 《海岛逸志》书影

[原文] 察天筒以玻璃筒二，式如笔管，长一尺余，内实水银，置之匣中，旁书和（荷）兰字。其水银自能升降，大约晴明则水银下沉，阴晦则水银上浮。然浮沉有高低，睹其旁字以察风雨晦明，未尝不验。

[注释] 式：式样。实：充满。大约：大体上。阴晦：阴沉昏暗。未尝：不是。验：灵验。

[译文] "察天筒"由两个玻璃筒组成，式样如同笔管，一尺多长，里面充满水银，不用时放在盒子里，旁边刻有荷兰文。其中的水银可以自动升降，大体上在天气晴朗的时候水银就下沉，天气阴晦的时候水银就上升。根据水银的高低，来观察旁边的刻度，这样就可以观察天气情况，不是不灵验啊。

[解说] 水银气压计是测量大气压力的仪器装置，利用倒置于水银槽内玻璃管柱中的水银重力与周围大气压力平衡的原理，而以水银柱的高度表示大气压力。其外形（部分）如图 6-32 所示。

气压计也是传教士呈献给中国清代皇帝的珍奇方物。1689 年康熙南巡期

间，来华传教士在南京呈献的方物之中有"验气管"两架。这两架仪器于第
二年被送抵北京，它们很可能是较早传入宫廷的温度计和气压计。

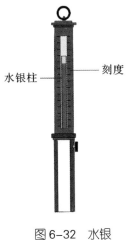

图 6-32　水银
气压计外形（部分）

结语

在本书行将结束时，作者还想说几句话，算作结语吧！

华夏大地，人杰地灵。我国古代的先民们，在认识和改造自然的过程中，用智慧和生命克服重重困难，做出许多创造发明，为人类的文明做出了卓越贡献，留下了珍贵的文化与科技遗产，中国古代的物理实验就是其中一个辉煌的部分。

中国古代物理实验成就有的记载于典籍，有的反映在器物上，还有的包含在技艺中，范围很广，遍及力、热、声、电、磁、光学等，其中有些是世界上首创。例如：

先秦时期，铜镜的制造与使用，阳燧取火，乐器制造，都对生产和技术的发展起了促进作用。

春秋战国时期，代表作《墨经》和《考工记》记载了力学、光学、声学和物质结构等方面的知识。特别是《墨经》中记述的小孔成像，力学中杠杆的应用，《考工记》中记述的钟作为乐器，以及对钟的音响分析，均开世界之先河。

秦汉时期有了地动仪、指南车，还有透光镜、汉洗等器具，并且付诸应用。

北宋时期沈括的科学巨著《梦溪笔谈》记载有许多物理实验知识，像纸人共振，构思巧妙，效果明显。赵友钦的大型光学实验，在世界科学史上占有重要地位。

明朝王子朱载堉发明的十二平均律堪称近代平均音阶的"鼻祖"，他在世界上最早发现管乐器末端效应，并进行管口校正。明末清初方以智撰写的《物理小识》多有可称道之处，关于光的色散、反射和折射，声音的传播、反射、共鸣、隔音效应，以及比重、磁效应等诸多问题的记述和阐发，都是极其出色的。明朝著名科学家宋应星的《天工开物》是一部百科全书式的科学巨著，有相当高的学术水平，为中国古代物理学的发展做出了贡献。

以上这些只不过是我国科技成就的极小部分，但已充分展示了中国古人的聪明才智，反映了中华民族光辉灿烂的文明史。总结为了提高，回忆为了激励，了解我国先辈的业绩，学习先辈献身祖国的精神，从而激发我国人民努力奋斗，创造未来。作为中华民族的子孙，我们有责任发掘整理古代的这些宝贵遗产，弘扬国粹，增强全民族的自信心和创造力，搞好当代科技，振兴中华。

今天我们正处在向现代化迈进的新时代，让我们传承五千年的伟大文明，发扬中华民族的创新精神，为民族复兴的伟大理想，勇往直前，再创东方新的辉煌。最后让我们共唱一曲《祖国颂》。

《祖国颂》（歌词）

泱泱大国

巍巍华夏

人才辈出

江山如画

有多少英雄豪杰

谱写壮丽凯歌

有多少学者名士

创作雄文佳话

文化硕果灿若星河

科技发明许多精华

歌唱我们伟大祖国

我爱我的中华

参考文献

1. 戴念祖. 中国物理学史（古代卷）[M]. 南宁：广西教育出版社，2006.

2. 戴念祖. 中国力学史 [M]. 石家庄：河北教育出版社，1988.

3. 戴念祖. 中国声学史 [M]. 石家庄：河北教育出版社，1994.

4. 戴念祖，张蔚河. 中国古代物理学 [M]. 北京：商务印书馆,1997.

5. 戴念祖. 中华文化通志·物理与机械志 [M]. 上海：上海人民出版社,1998.

6. 戴念祖. 电和磁的历史 [M]. 长沙：湖南教育出版社,2002.12,第2页.

7. 王锦光等. 中国光学史 [M]. 长沙：湖南教育出版社，1986.

8. 王锦光，洪震寰. 中国古代物理学史略 [M]. 石家庄：河北科学技术出版社,1990.

9. 刘树勇，白欣. 中国古代物理学史 [M]. 北京：首都师范大学出版社,2011.

10. 刘筱莉，仲扣庄. 物理学史 [M]. 南京：南京师范大学出版社，2001.

11. 谭戒甫. 墨经分类译注 [M]. 北京：中华书局，1981.

12. 闻人军. 考工记导读 [M]. 北京：中国国际广播出版社,2008.

13. 郭弈玲，沙振舜等. 物理实验史话 [M]. 北京：科学出版社，1988.

14. 舒恒杞. 中国物理学史 [M]. 长沙：湖南大学出版社，2013.

15. 杨金长. 中国古代科学技术史 [M]. 北京：人民军医出版社,2007.

16. 自然科学史研究所 . 科技史文集 （第 12 辑） 物理学史专辑 [M] . 上海：上海科学技术出版社 ,1984.

17. 王春恒 . 中国古代物理学史 [M] . 兰州：甘肃教育出版社 ，2002.

18. 刘树勇，白欣 . 中国古代物理学史 [M] . 北京：首都师范大学出版社 , 2011.

19. 刘昭民 . 中华物理学史 [M] . 台北：台湾商务印书馆，1987.

20. 沙振舜，韩丛耀 . 中华图像文化史・图像光学卷 [M] . 北京：中国摄影出版社 ,2016.

21. 沙振舜，韩丛耀 . 中国影像史 （第 1 卷） 古代 [M] . 北京：中国摄影出版社 ,2015.

22. 骆炳贤 . 物理教育史 [M] . 长沙：湖南教育出版社 ,2001.

23. 聂馥玲 . 晚清经典力学的传入 以《重学》为中心的比较研究 [M] . 济南：山东教育出版社 ,2013.

24. 李穆南 . 自成体系的古代物理 [M] . 北京：中国环境科学出版社 ,2006.

25. 王冰 . 中外物理交流史 [M] . 长沙：湖南教育出版社 ,2001.

26. 王冰 . 明清时期 (1610-1910) 物理学译著书目考 [J] . 中国科技史料，1986,7（5）.

27. 王冰 . 南怀仁介绍的温度计和湿度计试析 [J] . 中国科学史研究，1986（1）.

28. 张瑶等 . 中国古代物理学实验的特点 [J] . 高师理科学刊，2015，35(7).

29. 李兆友 . 简论中国古代物理学中的物理实验 [J] . 物理实验，1993，13（5）.

30. 纵榜峰 梅忠义 . 浅析传统文化中不利于物理实验教育的因素 [J] . 合肥工业大学学报：社会科学版，2010（3）.

31. 郭建福等 .《重学》中的实验应用及其在晚清的影响 [J] . 内蒙古

师范大学学报，2017，46（4）.

32. 徐克明. 春秋战国时代的物理研究［J］. 自然科学史研究，1983（1）.

33. 许中才. 中国古代"物理实验"初探［J］. 渝州大学学报（自然科学版），1989（4）.

34. 袁春梅. 中国古代趣味物理实验［J］. 物理教师，2008，29（10）.

35. 粟新华，唐玉喜. 中国古代趣味物理实验拾零［J］. 物理实验，2002，22（3）.

36. 粟新华，唐玉喜. 中国古代趣味物理实验十摘［J］. 物理实验，2002，22（9）.

37. 粟新华，李良成. 中国古代趣味物理实验补遗［J］. 邵阳师院学报 2003，2（5）.

38. 徐克明. 墨家物理学成就述评［J］. 物理，1976(1).

39. 徐克明. 墨家物理学成就述评（续）［J］. 物理，1976(4).

40. 姜媛青. 古代物理实验成就综述［J］. 晋中师范高等专科学校学报，2001，18（2）.

41. 百子全书［M］. 杭州：浙江人民出版社，1984.

42. ［战国］庄子［M］. 长沙：岳麓书社，1990.

43. ［汉］刘安. 淮南万毕术［M］. 北京：中华书局，1985.

44. ［汉］刘歆撰 .［晋］葛洪辑. 西京杂记［M］. 上海：上海古籍出版社（四库笔记小说丛书），1991.

45. ［汉］班固. 汉书［M］. 长沙：岳麓书社，1993.

46. ［晋］葛弘. 抱朴子［M］. 上海：世界书局，1935.

47. ［晋］张华. 博物志［M］. 北京：中华书局，1985.

48. ［南北朝］尹喜. 关尹子［M］. 杭州：浙江人民出版社，1984.

49. ［后秦］姜岌. 续古文苑［M］. 北京：中华书局，1985.

50. ［唐］段成式. 西阳杂俎［M］. 北京：中华书局，1981.

51. ［唐］韩鄂. 岁华纪丽［M］. 北京：中华书局，1985. 5.

52. [南朝宋] 范晔. 后汉书 [M]. 北京：团结出版社, 1996.

53. [宋] 沈括. 梦溪笔谈 [M]. 北京：团结出版社, 1996.

54. [宋] 李昉等. 太平广记 [M]. 哈尔滨：黑龙江人民出版社, 1999.

55. [宋] 孙光宪. 北梦琐言 [M]. 上海：上海古籍出版社, 1981.

56. [宋] 何薳. 春渚纪闻 [M]. 北京：中华书局, 1683.

57. [宋] 苏轼. 物类相感志 [M]. 北京：中华书局, 1985.

58. [宋] 苏轼. 格物粗谈 [M]. 北京：中华书局, 1985.

59. [南宋] 庄绰. 鸡肋篇 [M]. 北京：中华书局, 1983.

60. [明] 宋应星著, 钟广言注释. 天工开物 [M]. 广州：广东人民出版社, 1976.

61. [明] 张岱. 夜航船 [M]. 杭州：浙江古籍出版社, 1987.

62. [明] 刘侗, 于奕正. 帝京景物略 [M]. 北京：北京古籍出版社, 1983.

63. [清] 张英, 王士祯. 渊鉴类函 [M]. 北京：中国书店, 1985.

64. [清] 徐珂. 清稗类钞 [M]. 北京：中华书局, 1984.

65. [清] 张潮. 虞初新志 [M]. 石家庄：河北人民出版社, 1985.

66. 张觉撰. 荀子译注 [M]. 上海：上海古籍出版社, 2012.

附录

中国历史年表

朝　代		起　讫	都　城	今　地
夏		约前 2070—约前 1600	安邑	山西夏县
			阳翟	河南禹县
商		约前 1600—约前 1046	亳	河南商丘
			殷	河南安阳
周	西周	约前 1046—前 771	镐京	陕西西安
	东周	前 770—前 256	洛邑	河南洛阳
秦		前 221—前 206	咸阳	陕西咸阳
汉	西汉	前 206—公元 25	长安	陕西西安
	东汉	25—220	洛阳	河南洛阳
三国	魏	220—265	洛阳	河南洛阳
	蜀	221—263	成都	四川成都
	吴	222—280	建业	江苏南京
西晋		265—317	洛阳	河南洛阳
东晋十六国	东晋	317—420	建康	江苏南京
	十六国	304—439	—	—
南朝	宋	420—479	建康	江苏南京
	齐	479—502	建康	江苏南京
	梁	502—557	建康	江苏南京
	陈	557—589	建康	江苏南京

朝　代		起　讫	都　城	今　地
北朝	北魏	386—534	平城	山西大同
			洛阳	河南洛阳
	东魏	534—550	邺	河北临漳
	北齐	550—577	邺	河北临漳
	西魏	535—556	长安	陕西西安
	北周	557—581	长安	陕西西安
隋		581—618	大兴	陕西西安
唐		618—907	长安	陕西西安
五代十国	后梁	907—923	汴	河南开封
	后唐	923—936	洛阳	河南洛阳
	后晋	936—947	汴	河南开封
	后汉	947—950	汴	河南开封
	后周	951—960	汴	河南开封
	十国	902—979	—	—
宋	北宋	960–1127	开封	河南开封
	南宋	1127—1279	临安	浙江杭州
辽		907—1125	皇都（上京）	辽宁巴林右旗
西夏		1038—1227	兴庆府	宁夏银川
金		1115—1234	会宁	黑龙江阿城
			中都	北京
			开封	河南开封
元		1206—1368	大都	北京
明		1368—1644	北京	北京
清		1616—1911	北京	北京
中华民国		1912—1949	南京	江苏南京
中华人民共和国 1949 年 10 月 1 日成立，首都北京。				

图书在版编目(CIP)数据

科学之光：中国古代物理实验溯源 / 沙振舜编著
. —南京：南京大学出版社，2022.3
ISBN 978－7－305－25357－7

Ⅰ. ①科… Ⅱ. ①沙… Ⅲ. ①物理学史－中国－古代
Ⅳ. ①O4－092

中国版本图书馆 CIP 数据核字(2022)第 006103 号

出版发行 南京大学出版社
社　　址　南京市汉口路 22 号　　　　邮　　编　210093
出 版 人　金鑫荣
书　　名　**科学之光——中国古代物理实验溯源**
编　著　沙振舜
责任编辑　王南雁
照　排　南京开卷文化传媒有限公司
印　刷　南京凯德印刷有限公司
开　本　718×1000　1/16　印张 16.5　字数 235 千
版　次　2022 年 3 月第 1 版　2022 年 3 月第 1 次印刷
ISBN 978－7－305－25357－7
定　价　88.00 元

网　　址:http://www.njupco.com
官方微博:http://weibo.com/njupco
官方微信:njupress
销售咨询热线:(025)83594756